Himadri Sekhar Das
Sudipta Banerjee
Heranmoy Maity

Computação ótica e suas aplicações

Himadri Sekhar Das
Sudipta Banerjee
Heranmoy Maity

Computação ótica e suas aplicações

ScienciaScripts

Imprint
Any brand names and product names mentioned in this book are subject to trademark, brand or patent protection and are trademarks or registered trademarks of their respective holders. The use of brand names, product names, common names, trade names, product descriptions etc. even without a particular marking in this work is in no way to be construed to mean that such names may be regarded as unrestricted in respect of trademark and brand protection legislation and could thus be used by anyone.

Cover image: www.ingimage.com

This book is a translation from the original published under ISBN 978-620-7-64780-4.

Publisher:
Sciencia Scripts
is a trademark of
Dodo Books Indian Ocean Ltd. and OmniScriptum S.R.L publishing group

120 High Road, East Finchley, London, N2 9ED, United Kingdom
Str. Armeneasca 28/1, office 1, Chisinau MD-2012, Republic of Moldova, Europe
Printed at: see last page
ISBN: 978-620-7-66404-7

Resumo: Com vantagens significativas em termos de velocidade, largura de banda e economia de energia, a computação ótica surgiu como um possível substituto da computação eléctrica convencional. Os conceitos de manipulação da luz, os componentes utilizados nos sistemas de computação ótica e os vários modelos computacionais são abordados neste capítulo, que explora os fundamentos da computação ótica. A ótica tem sido utilizada na computação desde há muito tempo, mas a ênfase principal tem sido e continua a ser na ligação de componentes de computadores, para comunicações ou, mais fundamentalmente, em sistemas que incluem alguma função ou caraterística ótica (reconhecimento ótico de padrões, etc.). Embora os computadores digitais ópticos estejam ainda a dar os primeiros passos, este documento aborda uma série de desenvolvimentos anteriores que poderão um dia resultar em verdadeiros computadores ópticos, incluindo portas lógicas ópticas, comutadores ópticos, redes neuronais e moduladores espaciais de luz. Os dispositivos e sistemas fotónicos mais complexos podem ser simulados e construídos com precisão utilizando computadores prontos a utilizar de elevado desempenho. Estes desenvolvimentos tiveram lugar num ambiente invulgar: a fotónica é uma ferramenta em desenvolvimento para a próxima geração de hardware de computação e os recentes desenvolvimentos nos computadores digitais tornaram possível conceber, modelar e construir uma nova classe de dispositivos e sistemas fotónicos com dificuldades inigualáveis. A análise da situação atual e das possibilidades futuras revela que a tecnologia ótica tem potencial para melhorar significativamente a eficiência computacional. No entanto, até à data, só foram identificadas operações ópticas implementadas individualmente e só recentemente foi anunciada a introdução do primeiro sistema comercial de processamento ótico. A falta de transístores ópticos viáveis, de memória ótica e de outras soluções que possam ultrapassar a enorme inércia de muitas tecnologias estabelecidas é provavelmente a razão pela qual o computador ótico ainda não foi posto em produção em massa. Além disso, analisamos as várias utilizações da computação ótica, incluindo o processamento de dados, a comunicação, a inteligência artificial e a computação quântica. Pretendemos dar uma panorâmica completa da situação atual e dos potenciais desenvolvimentos da computação ótica através da análise destes temas.

Índice

1. Introdução:

Ao longo dos anos, a tecnologia informática tem feito progressos incríveis, permitindo-nos lidar com enormes volumes de dados e resolver problemas complicados. No entanto, os investigadores têm-se voltado para outros paradigmas de computação, uma vez que a computação eletrónica tradicional enfrenta limitações de velocidade e de eficiência energética. A computação ótica é um desses paradigmas que utiliza a luz para efetuar cálculos. A computação ótica tem o potencial de revolucionar o processamento de informação e abrir uma vasta gama de aplicações, utilizando as qualidades especiais da luz.

No início da década de 1960, ou talvez mesmo antes, os militares interessaram-se pela utilização das relações da transformada de Fourier (FT) necessárias nos sistemas de imagem ótica coerente para efetuar operações como a convolução e a correlação. Foi simplesmente demonstrado que estes procedimentos podiam ser executados com grande rapidez utilizando dados fornecidos em formato de imagem ótica a um sistema ótico em massa. A natureza analógica destes processadores dificultava-lhes a manutenção de uma gama dinâmica e de relações sinal/ruído aceitáveis, o que limitava seriamente a sua aplicação. Apesar de algumas demonstrações impressionantes, o processamento elétrico digital em silício parece ter sido escolhido quase exclusivamente para ferramentas de fabrico final [1]. Mesmo assim, continua a haver um grande interesse nestes dispositivos especializados, e é inegável que são capazes de velocidades de processamento digital comparáveis extremamente rápidas. No início dos anos 80, o interesse pelo formato ótico de imagem aumentou devido à utilização de ferramentas ópticas não lineares para estabelecer as operações fundamentais de processamento digital de AND, OR, NAND, NOR, etc. Em teoria, uma única lente poderia obter imagens de um número considerável de canais paralelos a partir de uma matriz 2D de dispositivos. Em consequência, tem-se afirmado que os computadores de alta velocidade do futuro utilizarão um processamento ótico-digital maciçamente paralelo para atingir velocidades muito superiores às praticadas pela eletrónica [2]. Depois disso, foram lançados outros projectos de I&D de dimensão considerável com o objetivo de maximizar a oportunidade. Tais afirmações baseiam-se em pressupostos fundamentais sobre o rendimento digital futuro, mas ignoram convenientemente os imensos desafios práticos envolvidos na aplicação prática desses pressupostos. Praticamente todos os sistemas lógicos ópticos discutidos na literatura utilizam uma lógica de limiar, o que implica um controlo extremamente preciso do nível de potência ótica ao longo de um sistema multicanal exigente, dado que o nível analógico da onda de luz representa o estado digital. Poder-se-ia perguntar se isto tem alguma possibilidade de se tornar realidade, dada a facilidade com que perdas de inserção inesperadas de 3 dB podem ser adquiridas em sistemas complexos de espelhos, hologramas, lentes e outros componentes. No entanto, a abordagem do dispositivo simétrico de efeito auto-eletro-ótico (SEED), desenvolvida nos Laboratórios Bell da AT&T e estudada noutros locais, oferece uma solução complexa para esta questão [3]. Para tal, utiliza um sistema de sinalização ótica de carril duplo. Os melhores sistemas lógicos ópticos são dispositivos eléctricos activados opticamente, e de grandes dimensões, uma vez que a luz tem de entrar neles e os comprimentos de onda ópticos são extraordinariamente longos para os padrões electrónicos. Este é um dos vários problemas significativos. Problemas simples que são convenientemente ignorados por muitos incluem as questões práticas da montagem de sistemas ópticos de imagem de alta resolução, a pouca profundidade de campo, a precisão inferida nas lentes (em termos de distância focal), as tolerâncias mecânicas e as enormes dimensões das estruturas construídas. No entanto, nenhum destes inconvenientes prova que não pode ser feito; pelo contrário, representam um desafio e, como alguns dos resultados mostrarão, é possível desenvolver técnicas experimentais muito surpreendentes baseadas na ótica do espaço livre no laboratório de investigação. Num computador ótico digital, os sistemas ópticos assumiriam o papel dos comutadores, das portas lógicas ópticas (OLG) e dos componentes de memória que controlam o fluxo de electrões num computador eletrónico. As funções dos OLGs e dos comutadores podem ser desempenhadas por moduladores ópticos, que existem numa série de formas e dimensões. Um comutador 1 × 1 é um interrutor simples de ligar/desligar que pode ligar duas linhas. Uma linha é ligada a uma das duas linhas utilizando um comutador A 1 × 2. Pode estar num de dois estados, incluindo a entrada (I/P) 1 ligada à saída (O/P) 1 e a entrada (I/P) 2 ligada à saída (O/P) 2, o estado de barra (I/P 1 ligado a O/P 2 e I/P 2 ligado a O/P 1), ou o estado cruzado (I/P 1 ligado a O/P 2 e I/P 2 ligado a O/P 1). Por conseguinte, é designado por interrutor de barra transversal. Qualquer uma das n linhas I/P pode ser ligada a qualquer uma das n linhas O/P em qualquer momento, sem gerar interferências, esticando um interrutor de barra transversal para uma configuração n × n.

Entre outros tipos de moduladores ópticos, os cristais líquidos, os moduladores acústico-ópticos, os moduladores magneto-ópticos e os moduladores electro-ópticos podem ser utilizados para criar comutadores ópticos [4-6]. Uma matriz de moduladores pode também ser utilizada para criar um interrutor de barra transversal. Um interrutor de barra transversal n × n, por exemplo, pode ser construído utilizando uma matriz de válvulas de luz n × n. Uma matriz linear vertical de n díodos laser serviria como fonte de luz. Uma lente cilíndrica dispersa horizontalmente a luz dos díodos, de modo a que cada um deles ilumine uma fila da matriz n × n. O sinal da matriz é então direcionado para uma guia de ondas linear orientada horizontalmente, utilizando uma lente por fila da matriz moduladora e um conjunto de n lentes cilíndricas posicionadas perpendicularmente à primeira lente. Com esta configuração, a luz de qualquer díodo laser pode ser acoplada sem problemas a qualquer detetor. Foi criado para ativar interruptores tanto eléctrica como visualmente. Um computador totalmente ótico utilizaria dispositivos controlados opticamente. Além disso, os interruptores devem ser pequenos, rápidos, fáceis de produzir em massa e utilizar relativamente pouca energia de comutação. As funcionalidades de comutação necessárias foram demonstradas utilizando várias outras tecnologias. No entanto, estão atualmente a ser criadas matrizes OLG enormes e altamente densas. Foi criado um comutador ótico extraordinariamente eficiente em termos energéticos, em colaboração com a IBM, por uma equipa de investigação multinacional sob a direção do Instituto de Ciência e Tecnologia de Skolkovo, na Rússia [7]. A transição dá-se muito rapidamente e sem qualquer arrefecimento. Poderá servir de base para a iteração subsequente de computadores que controlam fotões em vez de electrões. O interrutor é construído através da colocação de um polímero semicondutor orgânico de 3,5 nanómetros entre duas superfícies altamente reflectoras. Isto provoca a formação de uma pequena câmara que capta os feixes de luz. Dois lasers - um laser de bombagem e um laser de semente - alimentam o dispositivo. Um condensado de Bose-Einstein - uma coleção de partículas que se comportam coletivamente como um único átomo - é criado quando o laser de bomba brilha no interrutor e milhares de quasipartículas indistinguíveis se formam na mesma região. Este condensado é comutado entre os códigos binários "00" e "10" através da utilização do feixe de semente. A nova tecnologia pode efetuar um trilião de cálculos num segundo, o que é 1000 vezes mais rápido do que os melhores transístores comerciais atualmente disponíveis. Além disso, em comparação com os transístores, transita de estado com muito menos energia. Isto deve-se ao facto de um único fotão de luz poder ativar o interrutor ótico [8]. Os transístores eléctricos equivalentes que utilizam um único eletrão requerem frequentemente uma quantidade considerável de um dispositivo de arrefecimento que consome muita eletricidade. Por outro lado, o novo interrutor funcionará à temperatura ambiente. A tecnologia precisa de avançar significativamente antes de poder ser utilizada. Passam anos até que o primeiro transístor de um dispositivo eletrónico apareça num computador pessoal. O desafio para os investigadores é que, mesmo que o dispositivo necessite apenas de uma pequena quantidade de energia para comutar, o laser de bombagem tem de ser utilizado continuamente. A equipa está a investigar soluções para este problema, utilizando super cristais de perovskite super fluorescentes para ajudar a reduzir o consumo de energia. Apesar dos desafios, os investigadores prevêem que o interrutor inovador será em breve utilizado em muitos tipos diferentes de dispositivos de computação ótica, talvez como uma forma de acelerar o processamento de supercomputadores [9]. Uma vez que os computadores modernos estão limitados pelos tempos de resposta lentos dos circuitos eléctricos, a tecnologia ótica é muito procurada [10]. O volume e a velocidade dos sinais são limitados por um meio de transmissão sólido, que também produz calor que danifica os componentes. Por exemplo, um pé de cabo atrasa a informação em cerca de um milissegundo (um bilionésimo de segundo). O encolhimento extremo de dispositivos electrónicos microscópicos também resulta em "cross-talk" ou erros de sinal que põem em risco a fiabilidade do sistema. Os investigadores voltaram-se para a própria luz para encontrar respostas para estes e outros problemas. A luz pode mesmo fornecer dezenas ou centenas de fluxos de comunicação de fotões em diferentes frequências de cor ao mesmo tempo, sem as limitações do domínio temporal da eletrónica, dos isoladores ou de outras barreiras. Os curtos-circuitos eléctricos não ocorrem em pessoas que são resistentes à interferência electromagnética. Um meio de transmissão sólido limita o volume e a velocidade do sinal, produzindo calor que danifica os componentes. Um nanossegundo (um bilionésimo de segundo), por exemplo, é produzido por um fio de um pé de comprimento. O "cross-talk" ou os erros de sinal provocados pela diminuição significativa dos dispositivos eléctricos microscópicos comprometem ainda mais a fiabilidade do sistema. Os investigadores estão agora a procurar respostas para estes e outros problemas na própria luz. A luz é capaz de fornecer simultaneamente dezenas ou mesmo centenas de fluxos de comunicação de fotões em diferentes frequências de cor, sem os isoladores ou mesmo as limitações da eletrónica no domínio do tempo. Os curto-circuitos eléctricos não são sentidos por aqueles que são imunes à interferência electromagnética.

A história da computação encontra-se num ponto de viragem no que diz respeito ao processamento ótico. A necessidade de inteligência artificial (IA) está a aumentar ao mesmo tempo que a computação baseada em silício está a assistir a uma quebra na Lei de Moore. Esta dificuldade é abordada pela empresa de tecnologia revolucionária Optalysys, que introduz novos graus de potencial de IA para aplicações baseadas em imagens e vídeos de alta resolução [11]. A capacidade de acelerar algumas das actividades mais intensivas em termos de energia dos processadores, utilizando uma pequena fração da energia que os processadores de silício utilizam, está a tornar-se uma realidade. Para desbloquear novos níveis de IA e de capacidade de reconhecimento de padrões, pode ser configurado para efetuar operações de correlação ótica e de convolução utilizando a interface de fluxo Tensor ou a interface de programação de aplicações (API). O Optalysys trata enormes dados baseados em imagens/padrões a taxas visivelmente mais rápidas do que o silício porque utiliza fotões em vez de electrões e cálculos de alta resolução [12]. Devido às propriedades da ótica difractiva, a tecnologia Optalysys pode fornecer algo único no espaço das API: um processador escalável que pode completar o processamento de ponta a ponta e em resolução total de dados de imagem e vídeo multi-megapixel ou pré-processar contextualmente os dados para melhorar a eficácia dos actuais modelos do tipo Rede Neural Convolucional (CNN) para aplicações de dados de alta resolução [13, 14].

2. Fundamentos da computação ótica:

Na computação ótica, a computação e o processamento da informação são efectuados utilizando a luz, ou fotões, por oposição aos sinais eléctricos. Utiliza o paralelismo, a velocidade rápida e, possivelmente, o baixo consumo de energia da luz para efetuar uma variedade de cálculos [15]. A Fig.1 mostra as vantagens e desvantagens da computação ótica.

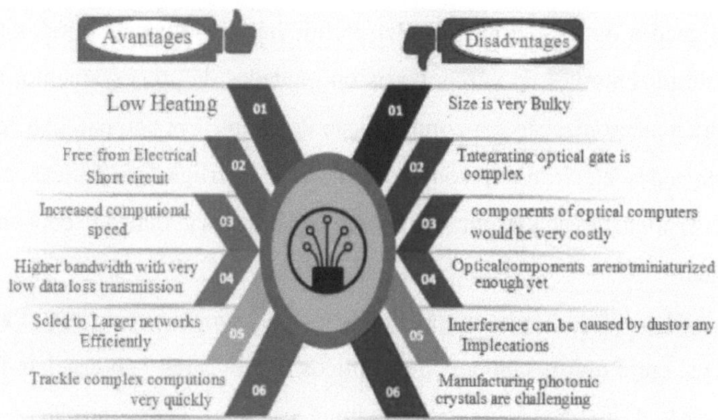

Fig.1. Vantagens e desvantagens da computação ótica.

Estas são algumas das características básicas da computação ótica:

Componentes ópticos: Vários dispositivos ópticos, incluindo lasers, lentes, espelhos, divisores de feixe, guias de onda e detectores, são utilizados em sistemas de computação ótica [16]. Nos sistemas de computação ótica, estes componentes alteram e regulam o movimento da luz para realizar tarefas específicas.

Representação ótica de dados: Na computação ótica, os dados são frequentemente representados como sinais de luz ou fotões. A informação pode ser codificada em sinais de luz através de uma variedade de métodos, incluindo modulação de intensidade, modulação de fase e modulação de polarização. O processamento paralelo é possível graças à transmissão simultânea de enormes volumes de dados através destes sinais ópticos [17].

Paralelismo: O paralelismo intrínseco da computação ótica é uma das suas principais vantagens. Podem ser processados simultaneamente vários fluxos de dados graças à divisão e combinação eficazes dos feixes de luz. Para alguns tipos de computação, este paralelismo pode aumentar drasticamente a velocidade de computação e o rendimento.

Interligações ópticas: Nos sistemas informáticos ópticos, as interligações ópticas são essenciais. Permitem que os sinais ópticos sejam transmitidos através de várias peças ou unidades de processamento, o que acelera a sincronização e a comunicação de dados. Em comparação com as interligações electrónicas convencionais, as interligações ópticas podem oferecer uma elevada largura de banda, baixa latência e menor consumo de energia.

Dispositivos ópticos não lineares: Os comutadores e moduladores ópticos, entre outros componentes ópticos não lineares, são cruciais para a realização de operações lógicas na computação ótica. Para controlar os sinais luminosos e efetuar cálculos, estes dispositivos tiram partido das características não lineares de determinados materiais ou construções de guias de ondas. É possível implementar portas lógicas, operações aritméticas e outras actividades computacionais utilizando dispositivos não lineares.

Técnicas de processamento de dados ópticos: A computação ótica utiliza uma série de técnicas para o processamento de dados. Estas incluem o reconhecimento de padrões ópticos, técnicas baseadas na transformada de Fourier, cálculos baseados na interferência e holografia.
Estas técnicas podem ser utilizadas para realizar tarefas exigentes de processamento de informação e de computação matemática.

Desafios: Embora a computação ótica tenha muitas vantagens, há ainda dificuldades a resolver. A criação de fontes de luz eficazes, componentes ópticos fiáveis e pequenos, deteção e conversão eficientes de sinais ópticos e integração com sistemas de computação eletrónica já existentes são alguns exemplos. Para a aplicação prática da computação ótica, é também necessário resolver problemas de interferência de sinal, ruído e escalabilidade.

A investigação sobre computação ótica está em curso e é promissora para várias aplicações que necessitam de um processamento paralelo rápido e de uma gestão maciça de dados. A computação baseada na ótica está cada vez mais próxima de se tornar uma realidade graças aos desenvolvimentos em curso na fotónica, na ciência dos materiais e na ótica integrada.

2.1 Manipulação de luz para computação:

O componente fundamental da computação ótica é a manipulação da luz. As ideias fundamentais da propagação, modulação e deteção da luz são examinadas nesta secção, que também dá ênfase a métodos importantes como a interferometria, a difração e a ótica não linear. Estes métodos tornam possível manipular e regular a luz para fins de computação. A computação ótica, ou manipulação da luz para computação, é um campo de ponta que investiga a utilização de fotões em vez de electrões para o processamento e transmissão de informação [18-20]. Com as suas enormes vantagens em termos de velocidade, economia de energia e capacidade de processamento de dados, esta nova tecnologia tem potencial para transformar o sector da computação.

Introdução à computação ótica

Na computação eletrónica convencional, a informação é processada e armazenada através do fluxo de electrões através de semicondutores. Embora esta tecnologia tenha percorrido um longo caminho, existem ainda certos limites inerentes, como a produção de calor e a velocidade de transporte de dados através de electrões [21]. Por outro lado, a computação ótica utiliza as características da luz para realizar tarefas comparáveis, mas com vantagens importantes.

Princípios da manipulação da luz

A computação ótica assenta em vários princípios fundamentais:

Sinais ópticos: Na computação ótica, os dados são comunicados e processados como sinais ópticos, frequentemente sob a forma de impulsos de luz. Devido à grande largura de banda da luz, estes sinais podem transmitir enormes quantidades de informação.

Dualidade onda-partícula: De acordo com o princípio da dualidade onda-partícula, a luz possui tanto características de partícula como de onda. Isto permite a codificação e o processamento de dados através da modificação das ondas de luz.

Interferência e Difração: As ondas de luz podem ser utilizadas para criar padrões ópticos complexos através de difração e interferência, que podem ser utilizados para alimentar computadores.

Não-linearidade: Os materiais ópticos não lineares têm a capacidade de modificar as propriedades da luz, permitindo a manipulação da sua frequência, bem como a amplificação e a modulação.

Aplicações da computação ótica

Existem inúmeras utilizações potenciais importantes e profundas para a computação ótica em numerosos sectores [22-24].

Processamento de dados a alta velocidade: Devido à rapidez com que a luz se propaga, os computadores ópticos podem processar dados a velocidades nunca antes vistas. Assim, são ideais para aplicações como a análise de dados em tempo real e o comércio de alta frequência.

Computação quântica: A incorporação de sistemas ópticos nos computadores quânticos permite melhorar o processamento da informação quântica e a tolerância a falhas dos algoritmos quânticos.

Telecomunicações: Embora os princípios ópticos sejam já a base das redes de fibra ótica, a computação ótica pode melhorar a largura de banda e reduzir a latência na transmissão de dados.

Processamento de imagens: As tarefas de processamento de imagens, como a visão por computador, a reconstrução 3D e o reconhecimento de imagens, adequam-se bem à computação ótica.

Inteligência artificial: Os algoritmos de aprendizagem automática podem ser acelerados pelo elevado paralelismo e velocidade da computação ótica, melhorando a eficiência das aplicações de IA.

Comunicação segura: A encriptação e a desencriptação de informação podem ser feitas de forma altamente segura com a distribuição de chaves quânticas baseada em princípios ópticos.

Astronomia e Astrofísica: O processamento e a análise das enormes quantidades de dados produzidos por telescópios e observatórios podem ser efectuados através da computação ótica.

Desafios e limitações

Embora a computação ótica tenha um grande potencial, existem vários obstáculos e restrições:

Integração com a eletrónica: Para passar da computação eletrónica para a ótica, é necessário desenvolver componentes e interfaces compatíveis. Uma solução temporária são os sistemas híbridos que integram componentes ópticos e electrónicos.

Tamanho e portabilidade: A utilização de componentes ópticos em dispositivos portáteis é limitada devido ao seu volume e custo. O desafio da miniaturização nunca desaparece.

Perdas e ruído: Particularmente quando transmitem dados a longas distâncias, os sinais ópticos são susceptíveis de ruído e perdas. Os investigadores estão a desenvolver métodos eficientes de amplificação do sinal e de redução do ruído.

Efeitos não lineares: Embora vantajosos, os efeitos ópticos não lineares podem ser difíceis de gerir e, ocasionalmente, ter resultados imprevistos.

Custo: As elevadas despesas iniciais e correntes associadas ao fabrico de componentes ópticos podem impedir a sua utilização generalizada.

Eficiência energética: Embora a computação ótica utilize menos energia do que a computação eletrónica em geral, são necessários mais avanços para reduzir a produção de calor e o consumo de energia.

Circuitos integrados fotónicos e materiais ópticos

Um circuito integrado fotónico (PIC) ou circuito integrado ótico é um microchip que contém dois ou mais componentes fotónicos que formam um circuito funcional. Esta tecnologia detecta, gera, transporta e processa a luz. Os PIC utilizam fotões (ou partículas de luz) em vez de electrões, que são utilizados pelos CI electrónicos. A principal diferença entre os dois é que um circuito integrado fotónico fornece funções para sinais de informação armazenados em comprimentos de onda ópticos, normalmente no espetro visível ou no infravermelho próximo (850-1650 nm). A plataforma material mais utilizada comercialmente para os circuitos integrados fotónicos é o fosforeto de índio (InP), que permite a integração de várias funções opticamente activas e passivas na mesma pastilha. O InP é um semicondutor binário composto por índio e fósforo. O InP pode ser preparado a partir da reação de fósforo branco e iodeto de índio a 400 °C[26], também por combinação direta dos elementos purificados a alta temperatura e pressão, ou por decomposição térmica de uma mistura de um composto de trialquil índio e fosfina[27]. Tem uma estrutura cristalina cúbica de face centrada ("zincblenda"), idêntica à do GaAs (arsenieto de gálio), que é utilizado na maioria dos semicondutores. Os materiais semicondutores são nominalmente isoladores com um pequeno intervalo de banda. Uma propriedade que define um material semicondutor é o facto de poder ser comprometido pela dopagem com impurezas que alteram de forma controlável as suas propriedades electrónicas. Devido à sua aplicação na indústria informática e fotovoltaica - em dispositivos como transístores, lasers e células solares - a procura de novos materiais semicondutores e o melhoramento dos materiais existentes é um importante domínio de estudo da ciência dos materiais. Os materiais semicondutores mais utilizados são sólidos inorgânicos cristalinos. Estes materiais são classificados de acordo com os grupos da tabela periódica dos átomos que os constituem.

As moléculas:

As moléculas fotónicas são uma forma de matéria em que os fotões se unem para formar "moléculas" [28-30] que foram previstas pela primeira vez em 2007. As moléculas fotónicas formam-se quando os fotões individuais (sem massa) "interagem uns com os outros tão fortemente que se comportam como se tivessem massa". Numa definição alternativa (que não é equivalente), os fotões confinados a duas ou mais cavidades ópticas acopladas também reproduzem a física da interação dos níveis de energia atómica e foram designados por moléculas fotónicas [31]. Estas moléculas têm sido também utilizadas desde 1998 para um fenómeno não relacionado que envolve micro cavidades ópticas que interagem electromagneticamente. As propriedades dos estados quantizados dos fotões confinados em micro e nano cavidades ópticas são muito semelhantes às dos estados confinados dos electrões nos átomos[32].

A fotónica do silício é o estudo e a aplicação de sistemas fotónicos que utilizam o silício como meio ótico [33-37]. O silício é normalmente fabricado e modelado com uma precisão submicrométrica, formando microcomponentes fotónicos. Estes microcomponentes fotónicos funcionam no infravermelho (IV), mais frequentemente no comprimento de onda de 1,55 micrómetros utilizado pela maioria dos sistemas de telecomunicações por fibra ótica[38]. Os dispositivos fotónicos de silício podem ser fabricados utilizando as técnicas existentes de fabrico de semicondutores e, como o silício já é utilizado como substrato para a maioria dos circuitos integrados, é possível criar dispositivos híbridos em que os componentes ópticos e electrónicos são integrados num único microchip. Consequentemente, a fotónica de silício está a ser explorada de forma agressiva por muitos fabricantes de eletrónica, incluindo a IBM e a Intel, bem como por grupos de investigação académica de todo o mundo, como um meio de manter a atualização para proporcionar uma transferência de dados mais rápida entre microchips e no interior dos mesmos [39-41]. Os dispositivos de silício são regidos por uma série de fenómenos ópticos não lineares, incluindo o efeito Kerr, o efeito Raman, a absorção de dois fotões e as interacções entre fotões e portadores de carga livre[42]. A presença de não linearidade é de importância fundamental, uma vez que permite a interação da luz com a luz[43], possibilitando assim aplicações como a conversão de comprimentos de onda e o encaminhamento de sinais totalmente ópticos, para além da transmissão passiva da luz. As guias de onda de silício são também de grande interesse académico, devido às suas propriedades de orientação únicas, podendo ser utilizadas para comunicações, interligações, biossensores [44-45] e oferecendo a possibilidade de suportar fenómenos ópticos não lineares exóticos. Na fotónica de silício, uma técnica comum para conseguir a modulação consiste em variar a densidade de portadores de carga livre. As variações das densidades de electrões e buracos alteram a parte real e a parte imaginária do índice de refração do silício [46]. Os moduladores podem ser constituídos por díodos PIN com polarização direta, que geralmente produzem grandes desvios de fase, mas têm velocidades mais baixas [47], bem como por junções PN com polarização inversa [48]. Em 2013, os investigadores demonstraram um modulador de depleção ressonante que pode ser fabricado utilizando processos normais de fabrico de semicondutores de óxido metálico complementar (SOI CMOS) de silício sobre isolador[49]. No entanto, espera-se que a fotónica de silício desempenhe um papel significativo na comunicação informática, em que as ligações ópticas têm um alcance na ordem dos centímetros a metros. De facto, o progresso da tecnologia informática está a tornar-se cada vez mais dependente de uma transferência de dados mais rápida entre microchips e no interior dos mesmos[50]. 50] As interconexões ópticas podem constituir uma via a seguir, e a fotónica de silício pode revelar-se particularmente útil, uma vez integrada nos chips de silício normais[51]. [51] A fotónica do silício é muito útil na conceção de encaminhadores de sinais para comunicações ópticas. A construção pode ser muito simplificada fabricando as partes ópticas e electrónicas no mesmo chip, em vez de as ter espalhadas por vários componentes, e pode potencialmente aumentar a capacidade de largura de banda da Internet fornecendo dispositivos à microescala e de potência ultra-baixa[52].

Investigação e desenvolvimentos actuais

As dificuldades da computação ótica estão a ser ativamente estudadas e abordadas por engenheiros e investigadores [53, 54].

Circuitos integrados fotónicos: O objetivo do desenvolvimento de circuitos integrados fotónicos (PIC) é reduzir a dimensão dos componentes ópticos para que possam ser integrados mais facilmente e a preços acessíveis em sistemas electrónicos.

Fotónica quântica: Este domínio emergente, que combina a computação quântica com princípios ópticos, tem o potencial de resolver problemas difíceis e revolucionar a criptografia.

Metamateriais: Está a ser investigado o potencial dos metamateriais - materiais com propriedades invulgares de manipulação da luz - para o desenvolvimento de componentes ópticos pequenos e de elevado desempenho.

Inteligência artificial: Para utilizar plenamente a computação ótica em aplicações de inteligência artificial, os investigadores estão a concentrar-se em modelos de aprendizagem profunda e redes neuronais ópticas.

Pontos Quânticos e Nanofotónica: Estas tecnologias têm o potencial de aumentar a precisão e a eficiência dos componentes de computação ótica.

O estudo da manipulação da luz para fins de computação, frequentemente conhecido como computação ótica, tem o potencial de alterar a forma como os seres humanos enviam e processam a informação. A computação ótica oferece muitos benefícios em termos de capacidade de processamento de dados e eficiência energética, utilizando as qualidades especiais da luz, como a sua velocidade e largura de banda. A incorporação da computação ótica numa variedade de aplicações, desde o processamento de dados a alta velocidade até à computação quântica, está a ser possível graças às actividades de investigação e desenvolvimento em curso, apesar dos obstáculos que ainda têm de ser ultrapassados. O futuro da computação é mais promissor do que nunca em resultado do rápido avanço desta tecnologia, que tem o potencial de transformar o sector e estimular a inovação em muitas indústrias.

2.2. **Componentes de sistemas de computação ótica:**

Para manipular e processar sinais de luz, os sistemas de computação ótica dependem de uma variedade de componentes [55,56]. Nesta secção, apresenta-se uma panorâmica de componentes importantes, como moduladores ópticos, comutadores, amplificadores e detectores. Além disso, examina os cristais fotónicos e os circuitos ópticos integrados, ambos essenciais para o desenvolvimento de sistemas de computação ótica portáteis e eficazes. Com o potencial para atingir velocidades de processamento significativamente mais rápidas e uma maior eficiência energética do que a computação eletrónica tradicional, os sistemas de computação ótica são um substituto promissor. Estes sistemas utilizam as qualidades especiais da luz, como a sua velocidade e paralelismo, para efetuar uma variedade de funções computacionais. Neste artigo, examinaremos as partes constituintes dos sistemas de computação ótica, realçando as suas características e vantagens mais importantes. Os diferentes tipos de componentes da computação ótica são apresentados na Fig.2.

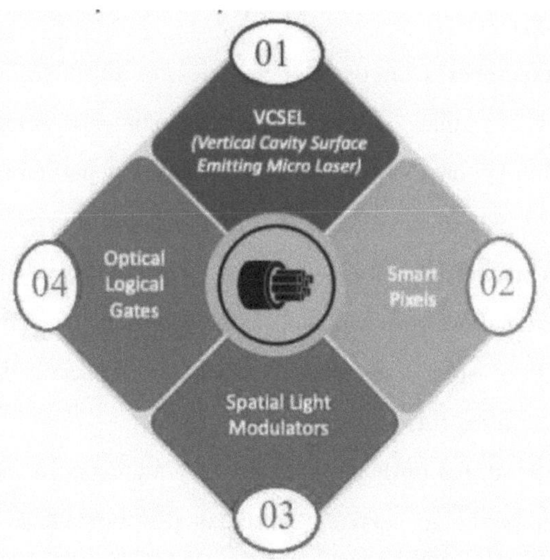

Fig.2. Componentes da computação ótica.

Fonte de luz: Uma fonte de luz é o componente central de todos os sistemas de computação ótica. A luz coerente é produzida por esta fonte, normalmente utilizando lasers ou díodos emissores de luz (LEDs). A precisão e a fiabilidade dos cálculos ópticos são diretamente afectadas pela qualidade e estabilidade da fonte de luz.

Modulador ótico: Os moduladores ópticos são elementos cruciais que regulam a polarização, a fase e a intensidade da luz. São as unidades fundamentais utilizadas para codificar dados em sinais ópticos. Nos sistemas de computação ótica, são frequentemente utilizados moduladores acústico-ópticos e electro-ópticos.

Interligações ópticas: Em todo o sistema, os sinais ópticos são encaminhados através de interligações ópticas. Estas fornecem mais largura de banda e menos perda de sinal do que as interligações electrónicas convencionais, mas funcionam de forma semelhante. Os tipos comuns de interligações ópticas incluem ligações ópticas de espaço livre, fibras ópticas e guias de ondas.

Fotodetectores: Com os fotodetectores, os sinais ópticos podem ser transformados em sinais eléctricos. A eficiência e a velocidade destes dispositivos são factores importantes para o desempenho global do sistema e são essenciais para obter os resultados dos cálculos ópticos.

Filtros ópticos: Os filtros ópticos são utilizados para eliminar o ruído indesejado do sinal ótico ou para selecionar determinados comprimentos de onda da luz. Para isolar a informação desejada e preservar a qualidade do sinal, são necessários filtros.

Amplificadores ópticos: A dispersão e a atenuação são duas razões pelas quais a perda de sinal em sistemas de computação ótica é uma preocupação. Para compensar estas perdas, os amplificadores ópticos, como os amplificadores de fibra dopada com érbio (EDFAs), aumentam a intensidade do sinal, permitindo que os sinais se propaguem mais longe sem se deteriorarem.

Moduladores estruturais de luz (SLMs): Os SLMs são essenciais para controlar as propriedades espaciais da luz. Tornam possível a codificação de imagens, padrões ou dados em sinais ópticos. As tecnologias SLM incluem cristais líquidos e dispositivos digitais de microespelhos (DMDs).

Elementos ópticos não lineares: Através de processos ópticos não lineares, os elementos ópticos não lineares - tal como os cristais não lineares - permitem a criação de novas frequências. Estes componentes são essenciais para utilizações em ótica quântica e conversão de frequências.

Portas lógicas e comutadores ópticos: As portas lógicas e os comutadores ópticos realizam operações comparáveis às dos seus homólogos electrónicos. Estes elementos permitem manipular sinais ópticos para processar dados e efetuar cálculos. As portas lógicas totalmente ópticas, capazes de efetuar operações lógicas sem conversão de sinais ópticos em sinais eléctricos, são utilizadas em certos sistemas.

Memória ótica: Utilizando um formato ótico, os dados são armazenados em dispositivos de memória ótica. Em comparação com a memória magnética ou eletrónica convencional, estes dispositivos podem oferecer densidades de armazenamento mais elevadas e tempos de acesso aos dados mais rápidos. A memória holográfica e a memória fotorefractiva são dois exemplos.

Componentes ópticos quânticos: Para controlar os estados quânticos da luz, são utilizadas peças especializadas, como divisores de feixe, geradores de emaranhamento e fontes de fotão único, nos sistemas de computação ótica quântica. As aplicações que envolvem a criptografia quântica e o processamento de informação dependem destes elementos.

Ressonadores ópticos: Para melhorar a forma como a luz interage com a matéria, são utilizados ressoadores ópticos, tais como cavidades ópticas e micro-ressonadores. São essenciais para dispositivos como lasers, pentes de frequência e medições precisas de frequência.

Sensores e Detectores: Os sensores e detectores ópticos são utilizados numa vasta gama de domínios, incluindo a deteção biomédica e a monitorização ambiental. São úteis para recolher dados porque podem detetar alterações em características como o índice de refração ou ser sensíveis a comprimentos de onda específicos.

Processadores ópticos: Tarefas computacionais complexas são executadas por processadores ópticos. Estas podem ser tão básicas como operações aritméticas ou tão complexas como algoritmos utilizados em simulações científicas, processamento de imagens e aprendizagem automática.

Elementos holográficos: A luz pode ser manipulada e redireccionada utilizando elementos holográficos como grelhas e lentes. São utilizados em imagens 3D, armazenamento de dados e computação ótica.

Dispositivos de modelação da frente de onda: Para regular a fase e a amplitude das ondas de luz, são essenciais os dispositivos de modelação da frente de onda, como os moduladores espaciais de luz e as superfícies métricas. Aplicações como a comunicação ótica, a imagiologia e a direção de feixes utilizam-nos.

Relógios ópticos: É necessária uma temporização exacta para muitas aplicações, tais como comunicações seguras e sistemas de navegação global. Os relógios ópticos que dependem de propriedades atómicas ou moleculares

Componentes de sincronização ótica: Um componente vital de muitas aplicações de computação ótica, os componentes de sincronização ótica, tais como lasers bloqueados por modo e modeladores de impulsos, garantem que vários sinais ópticos são sincronizados com precisão.

Sistemas de realimentação ótica: Estes sistemas maximizam a eficiência e preservam a estabilidade do sistema. Podem ser aplicados para melhorar a precisão das medições ópticas, regular o funcionamento do laser e ter em conta as variações do ambiente circundante.

Acopladores e divisores ópticos: Os sinais ópticos podem ser divididos, combinados e encaminhados utilizando acopladores e divisores ópticos. Para construir redes ópticas e distribuir sinais aos vários componentes de um sistema de computação ótica, estes são necessários.

Os sistemas de computação ótica são constituídos por uma variedade de componentes que trabalham em conjunto para utilizar as qualidades especiais da luz para processar dados, efetuar cálculos e realizar uma série de outras actividades científicas e tecnológicas. Com potencial para revolucionar a tecnologia de computação no futuro, a computação ótica é um campo de investigação e desenvolvimento estimulante. Estes componentes oferecem vantagens significativas, como a redução do consumo de energia, o paralelismo e o processamento a alta velocidade.

2.3. **Modelos computacionais em computação ótica:**

Foram desenvolvidos modelos computacionais específicos para utilizar eficazmente a luz na computação. Esta secção examina uma variedade de modelos, incluindo a multiplicação matriz-vetorial, portas lógicas totalmente ópticas e computação utilizando solitões ópticos [57,58]. Estes modelos mostram a adaptabilidade e a capacidade da computação ótica para realizar tarefas difíceis.

A computação ótica é um domínio de ponta na intersecção da ótica e do processamento de informação. Efectua cálculos utilizando as propriedades únicas da luz, como a sua velocidade e capacidade de processar grandes quantidades de dados em simultâneo. Os computadores electrónicos convencionais, que dependem de sinais eléctricos para funcionar, estão a atingir fisicamente os limites da sua velocidade e eficiência energética. No entanto, a computação ótica oferece meios práticos para contornar estas limitações. Este trabalho investiga o papel, os desafios e as possíveis utilizações de modelos computacionais na computação ótica.

A primeira questão abordada foi a questão da forma Hamiltoniana. A questão mais simples é a questão da subdivisão total. Um esquema ocular para resolver um caso que acompanha quatro números {a1, a2, a3, a4} é descrito abaixo (Fig.3.): A luz vai juntar-se ao botão Start. Vai separar-se em dois feixes (substitutos) de menor força. Estes dois feixes chegarão ao segundo gomo na importância a1 e 0. Cada um dos feixes será destacado em dois sub-raios que chegarão no segundo gomo seguinte na importância 0, a1, a2 e a1 + a2. Estes representam todos os subconjuntos do conjunto {a1, a2}. Desejamos que haja oscilações na força do sinal em apenas quatro importâncias diferentes. No gomo de meta desejamos flutuações com dificuldade em 16 importâncias diferentes (que são todos os subconjuntos do provável). Se tivermos uma vacilação na importância do objetivo B, isso significa que temos uma solução para a questão, ou seja, não existe nenhum subgrupo cujo total de peças seja igual a B. Para o exercício realista não podemos ter cabos de tempo zero, por isso todos os cabos são levantados acompanhando um valor limitado (preparado todos) k'. Neste caso, a resposta é necessária no momento B+n×k.

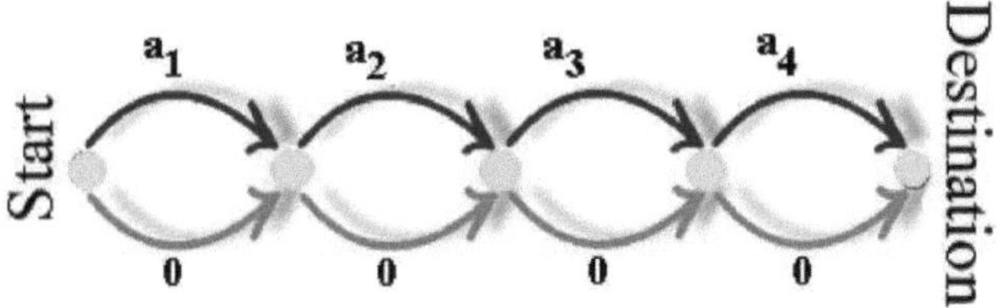

Fig.3 Computação ótica com atrasos temporais.

Fundamentos da computação ótica

A computação ótica utiliza os fundamentos da ótica para efetuar cálculos. Os dispositivos fotónicos, que utilizam a manipulação da luz para codificar e processar informações, como os lasers, as fibras ópticas e os fotodetectores, são as partes fundamentais dos sistemas de computação ótica. O paralelismo da computação ótica é uma das suas principais vantagens. É possível manipular vários pontos de dados em simultâneo utilizando a sobreposição e interferência de ondas de luz. Em comparação, este paralelismo pode resultar em tempos de computação muito mais rápidos do que os dos seus homólogos electrónicos.

Modelos computacionais em computação ótica

Qualquer paradigma de computação, incluindo a computação ótica, baseia-se em modelos computacionais. Ao simular e representar processos ópticos, estes modelos ajudam os engenheiros e investigadores a compreender, avaliar e melhorar os sistemas de computação ótica.

Modelos de ótica ondulatória: Compreender o comportamento da luz requer uma compreensão dos modelos de ótica ondulatória. Estes explicam a interferência, a difração e a propagação das ondas de luz. Os modelos de ótica ondulatória baseiam-se nas equações de Maxwell, que descrevem o comportamento das ondas electromagnéticas. Estes modelos apoiam a conceção e otimização de dispositivos ópticos, modelando a propagação da luz através de diferentes componentes de sistemas ópticos.

Modelos de ótica não linear: Os efeitos ópticos não lineares são uma componente essencial de muitas operações de computação ótica. A mistura de quatro ondas, a modulação de fase própria e os solitões ópticos são exemplos de fenómenos que podem ser estudados utilizando modelos de ótica não linear. Estes fenómenos são importantes para o processamento de sinais e a manipulação de dados em sistemas de computação ótica. A conceção de dispositivos que utilizam efeitos ópticos não lineares é facilitada por estes modelos.

Modelos de dispositivos fotónicos: Uma variedade de dispositivos fotónicos, incluindo guias de ondas, moduladores e fotodetectores, são cruciais para a computação ótica. A análise dos parâmetros de desempenho destes dispositivos, como a largura de banda, a eficiência e a diafonia, é possível graças a modelos computacionais. A modelação de dispositivos permite otimizar estas peças de modo a melhorar o desempenho global do sistema.

Modelos de interligação ótica: Nos sistemas de computação ótica, as interligações ópticas são essenciais para a comunicação e a transferência de dados. Ao conceber e avaliar o desempenho das redes de interligação ótica, são utilizados modelos computacionais para ter em conta variáveis como a escalabilidade, a largura de banda e a latência.

Desafios da computação ótica

Embora a computação ótica seja muito promissora, também enfrenta vários desafios que precisam de ser resolvidos:

Integração com a eletrónica: A criação de sistemas híbridos que combinem componentes ópticos e electrónicos é uma tarefa difícil. A construção de sistemas de computação ótica realistas exige o desenvolvimento de modelos computacionais que possam abranger estes dois domínios.

Perda de sinal e ruído: Vários factores, como a dispersão e a absorção da luz, podem causar perda de sinal e ruído nos sistemas ópticos. Estes fenómenos devem ser tidos em consideração nos modelos computacionais e devem ser desenvolvidos planos para reduzir os seus efeitos.

Escalabilidade: Pode ser difícil escalar sistemas de computação ótica para gerir grandes conjuntos de dados e tarefas complicadas. A criação de arquitecturas escaláveis que possam satisfazer as exigências da computação contemporânea deve ser facilitada por modelos computacionais.

Limitações dos materiais e componentes: Existe apenas um número limitado de materiais adequados disponíveis para dispositivos e componentes fotónicos. Para que os sistemas de computação ótica sejam mais eficientes, devem ser encontrados e optimizados novos materiais com a ajuda de modelos computacionais.

Perspectivas futuras

Apesar das suas dificuldades, a computação ótica tem um grande potencial para uma grande variedade de aplicações. Eis algumas ideias para modelos computacionais em computação ótica no futuro..:

Computação ótica quântica: A combinação da computação quântica e da computação ótica permite obter uma potência computacional nunca antes vista. A conceção e otimização dos sistemas de computação ótica quântica dependerão em grande medida de modelos computacionais.

Aceleração da aprendizagem automática: A computação ótica pode acelerar consideravelmente as tarefas relacionadas com a aprendizagem automática. Os sistemas de aprendizagem profunda e as redes neuronais ópticas eficazes exigirão modelos computacionais.

Computação centrada em dados: A computação ótica tem potencial para transformar a computação centrada em dados, tendo em conta a necessidade crescente de processamento e armazenamento de dados. Os sistemas de processamento de dados ópticos exigirão o desenvolvimento de modelos computacionais.

Eficiência energética: Em comparação com a computação eletrónica convencional, a computação ótica é inerentemente mais eficiente em termos energéticos. Para otimizar a utilização de energia e a sustentabilidade da computação, os modelos computacionais continuarão a ser essenciais.

A computação ótica baseia-se em modelos computacionais para ajudar os engenheiros e investigadores a compreender, construir e otimizar os sistemas ópticos. Os modelos computacionais serão essenciais para resolver problemas e permitir que a computação ótica atinja todo o seu potencial numa variedade de aplicações, incluindo a computação centrada em dados, a aprendizagem automática e a computação quântica. Os modelos computacionais estão a liderar esta revolução na computação ótica, que tem um futuro brilhante devido aos avanços contínuos em materiais, dispositivos e técnicas de integração.

3. Arquitecturas de computação ótica:

A computação ótica pode ser utilizada em diferentes paradigmas arquitecturais. Os tópicos da computação digital ótica, redes neuronais ópticas e computação quântica ótica são abordados nesta secção. Fornece informações sobre os seus princípios de funcionamento, vantagens e dificuldades [59,60]. A Fig.4 mostra a arquitetura do dispositivo de computação ótica.

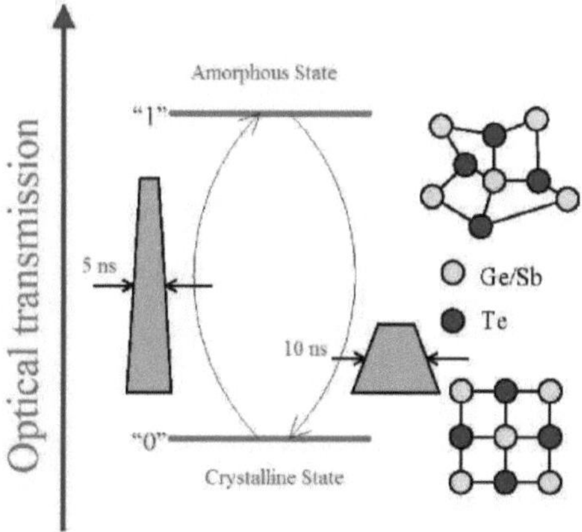

Fig.4 Arquitetura do dispositivo de computação ótica

Arquitetura de processamento ótico:

Utilizando todo o paralelismo e velocidade da luz para tratar os dados a um ritmo elevado, estabelece-se o processamento ótico da informação. A informação é apresentada graficamente ou como uma onda de luz. Uma das principais vantagens do processamento ótico em relação ao processamento eletrónico, que utiliza maioritariamente processadores em série, foi geralmente sublinhada como sendo o processamento paralelo intrínseco do CO. A ótica oferece, assim, um grande potencial para a interpretação em tempo real de grandes volumes de dados. A OC é estabelecida com base na caraterística FT de uma lente. Uma lente efectua o FT de uma transparência 2D no seu plano focal frontal no seu plano focal posterior, utilizando luz coerente. A lente utiliza uma abordagem analógica para determinar a FT exacta, tendo em conta a amplitude e a fase [61]. O sistema é composto por três planos: o plano I/P, o plano de processamento e o plano O/P. Os dados que precisam de ser processados são visualizados pelo plano I/P, que normalmente aplica um algoritmo. Um Modulador Espacial de Luz (SLM) é utilizado para converter eletricidade em luz. Pode utilizar um sinal 1D ou 2D como I/P. As células acústico-ópticas são frequentemente utilizadas para sinais I/P 1D, enquanto os sinais 2D são tratados por SLMs 2D. O plano I/P era uma lâmina estacionária porque os SLMs não estavam disponíveis nos primeiros anos. Como resultado, os conceitos e o potencial do processador ótico puderam ser demonstrados, mas nenhuma aplicação em tempo real pôde ser demonstrada, tornando o processador inútil para a maioria das aplicações práticas. O plano de processamento contém componentes não lineares, lentes e hologramas (gravados ótica ou digitalmente). A maior parte dos processadores ópticos pode completar este processo à velocidade da luz, o que o torna, sem dúvida, a parte mais importante do processamento. Um fotodetector, um conjunto de fotodetectores ou uma câmara constituem o plano O/P, que é responsável pela deteção dos resultados do processamento. A velocidade do processo global é limitada pela velocidade do seu componente mais lento, que é normalmente o SLM do plano I/P, dado que a maioria deles funciona a velocidades de vídeo. Um verdadeiro processador ótico não pode ser construído sem o SLM, mas é também um dos seus pontos mais fracos. Tal como os SLM, o desenvolvimento de um processador ótico em tempo real tem sido dificultado pelo seu desempenho inferior e pelo seu elevado custo. Uma vez que o reconhecimento de padrões em tempo real foi inicialmente considerado uma das tecnologias de computação ótica mais promissoras, foram criadas as duas concepções seguintes de correlacionadores ópticos. O correlacionador básico da figura 1a é designado por 4-f porque a distância entre o plano I/P e o plano O/P é quatro vezes superior à distância focal das lentes. O trabalho de filtragem espacial de Marechal e Croce, de 1953, serviu de base para este conceito incrivelmente simples, que desde então tem sido melhorado por outros estudiosos [62,63]. A FT é realizada pela Lente 1 enquanto a cena I/P é projectada no plano I/P. A FT da cena I/P é multiplicada pela FT conjugada real da referência, colocando-a no plano de Fourier. Para estabelecer a ligação entre a cena I/P e a referência no plano O/P, a lente 2 efectua uma segunda FT. Um holograma de Fourier da referência foi proposto por Vander Lugt em 1964 como uma solução para o problema fundamental do arranjo de criar um filtro complexo utilizando a FT da referência [64]. Quando o filtro de correlação é um filtro casado ou um filtro só de fase, respetivamente, as Figuras 1b,c mostram o pico de correlação O/P para autocorrelação. Um novo projeto de correlacionador ótico, o correlacionador de transformação conjunta (JTC), foi apresentado por Weaver e Goodman [65] em 1966. No plano I/P, que é o primeiro FT da lente, as duas imagens - a referência r(x,y) e a cena s(x,y) - são posicionadas uma ao lado da outra. O FT é utilizado após a determinação da intensidade do espetro combinado. Entre os termos que compõem o segundo FT estão as correlações cruzadas entre a cena e a referência. Como se mostra na Figura 1d, este FT pode ser realizado opticamente utilizando um SLM. O plano O/P do JTC é apresentado na Figura 1e quando a referência e a cena são comparáveis. Os únicos picos que vale a pena examinar são os dois picos de correlação cruzada. Para construir um processador inteiramente ótico, a câmara CCD pode ser substituída por uma peça ótica, como uma SLM opticamente endereçada ou um cristal fotorrefractivo. O JTC é a arquitetura ideal para aplicações em tempo real, como o seguimento de alvos, em que o valor de referência tem de ser atualizado rapidamente, porque não exige o cálculo de um filtro de correlação. Na Figura 1, são apresentados processadores ópticos coerentes. Nos processadores ópticos incoerentes, são utilizadas intensidades de onda em vez de amplitudes de onda complexas para transportar informações. As mudanças de fase no plano I/P não têm qualquer efeito nos processadores incoerentes e não geram ruído coerente. Por outro lado, o valor real não negativo da informação requer a utilização de uma série de técnicas para efetuar algum processamento da imagem. As actividades invariantes no espaço, como a correlação e a convolução, podem ser divididas em processamento ótico linear, tal como as operações invariantes no espaço, como as transformações de coordenadas [66] e a transformada de Hough [67]. A conversão analógico-digital, a limiarização e a transformação de logaritmos são alguns exemplos de processamento não linear que podem ser efectuados opticamente [68]. A computação ótica utiliza uma variedade de estratégias de arquitetura, cada uma com vantagens e dificuldades únicas. Eis algumas das arquitecturas de computadores ópticos que são frequentemente estudadas:

Computação totalmente ótica: Nesta arquitetura, não existe conversão eléctrica e todos os cálculos são efectuados apenas com componentes ópticos. Para realizar actividades como operações lógicas, encaminhamento de dados e processamento de sinais, a computação totalmente ótica processa e manipula diretamente sinais ópticos. Baseia-se em interligações ópticas para o transporte de dados e utiliza componentes ópticos não lineares, como comutadores e moduladores, para realizar operações lógicas.

Computação digital ótica: As arquitecturas de computação digital ótica utilizam componentes ópticos e electrónicos para realizar a computação. Enquanto os sinais ópticos são utilizados para interligações e transmissão de dados, os circuitos eléctricos digitais realizam operações lógicas e tarefas de controlo. Esta arquitetura utiliza frequentemente interconexões ópticas para ultrapassar as limitações das interconexões electrónicas e permitir trocas de dados com elevada largura de banda e baixa latência.

Circuitos integrados fotónicos (PIC): Os circuitos integrados fotónicos são feitos para integrar vários componentes ópticos, incluindo comutadores, guias de onda, moduladores, detectores e lasers, numa única pastilha. Os PIC aproveitam os avanços nos processos de fabrico de semicondutores para permitir sistemas de computação fotónica que são simultaneamente pequenos e escaláveis. Podem ser concebidos para desempenhar funções específicas, como o processamento de sinais ópticos, a memória ótica ou as interligações ópticas, e integrados com circuitos eléctricos para sistemas informáticos híbridos.

Computação holográfica: Na computação holográfica, os cálculos são efectuados utilizando conceitos holográficos. Podem ser armazenados e recuperados grandes volumes de dados utilizando a holografia num único componente ótico denominado holograma. Os sistemas de computação holográfica podem efetuar múltiplas tarefas em simultâneo, utilizando o paralelismo inerente à recuperação e armazenamento holográficos. A computação holográfica é especialmente adequada para aplicações que exigem armazenamento de dados de alta densidade e processamento paralelo.

Computação ótica neuromórfica: Utilizando componentes ópticos, as arquitecturas de computação neuromórfica procuram reproduzir a composição e o funcionamento do cérebro humano. Estas arquitecturas criam redes neuronais e realizam cálculos inspirados no cérebro, tirando partido do paralelismo e da eficácia da ótica. É possível encontrar soluções de alta velocidade e baixo consumo de energia para problemas como o reconhecimento de padrões, a aprendizagem automática e a classificação de dados utilizando redes neuronais ópticas. Apesar de os projectos de computadores ópticos terem avançado significativamente, há ainda muito trabalho a fazer em termos de conceção de implementações viáveis. Para que os sistemas de computação ótica possam ser amplamente utilizados numa variedade de aplicações, é essencial ultrapassar os problemas de escalabilidade, integração, ruído e rentabilidade.

3.1. Computação digital ótica:

O desenvolvimento de circuitos e sistemas lógicos digitais que utilizam componentes ópticos é o principal objetivo da computação digital ótica. O desenvolvimento de unidades aritméticas e lógicas ópticas (ALU), de memórias ópticas e de processadores ópticos é analisado nesta secção. Também fala das dificuldades no desenvolvimento de sistemas de computação digital ótica robustos e fiáveis [69,70].

Nas últimas décadas, a computação digital tem sido a pedra angular de quase todos os avanços tecnológicos no domínio da tecnologia da informação, que se encontra em rápida evolução. Apesar dos seus incríveis avanços, os computadores electrónicos convencionais - que dependem de correntes eléctricas para o processamento e armazenamento de dados - estão a começar a atingir os seus limites inerentes de velocidade, eficiência energética e escalabilidade. A computação digital ótica é um substituto fascinante, uma área promissora da tecnologia de computação que transformará a forma como processamos e armazenamos informação utilizando fotões.

Fundamentos da computação digital ótica Fundamentalmente, a

computação digital ótica utiliza sinais ópticos - isto é, luz - em vez dos sinais eléctricos utilizados na computação tradicional [71]. Esta mudança no paradigma da computação tem muitas vantagens:

Velocidade: As partículas conhecidas como fotões movem-se à velocidade da luz, o que as torna excecionalmente rápidas. Potencialmente muito mais rápida do que os computadores electrónicos convencionais, a computação digital ótica pode efetuar cálculos.

Eficiência energética: Devido à resistência eléctrica, os computadores electrónicos produzem calor, o que exige sistemas de arrefecimento elaborados. A computação ótica consome menos energia porque produz muito pouco calor.

Verdadeiro processamento paralelo: Ao contrário dos sistemas electrónicos, que têm dificuldade em realizar um verdadeiro processamento paralelo, os componentes ópticos podem processar vários fluxos de dados simultaneamente utilizando diferentes comprimentos de onda de luz.

Escalabilidade: Os sistemas ópticos podem ser expandidos sem as restrições impostas aos circuitos eléctricos, abrindo caminho para o desenvolvimento de uma computação mais potente e eficaz.

Componentes principais da computação digital ótica

Para realizar a computação digital ótica, devem ser desenvolvidos e integrados vários componentes e tecnologias:

Circuitos integrados fotónicos (PIC): Os PIC são os equivalentes ópticos dos circuitos integrados electrónicos. Os PIC são constituídos por componentes fotónicos interligados que podem gerar, modular e encaminhar sinais. Estes componentes incluem lasers, moduladores e detectores.

Transístores ópticos: Estes componentes básicos das portas lógicas ópticas regulam a passagem da luz de uma forma semelhante à dos transístores electrónicos.

Memória ótica: Através da utilização de métodos como a holografia, os dispositivos de armazenamento ótico podem armazenar e recuperar dados através de padrões de luz, oferecendo possivelmente uma opção de armazenamento de elevada capacidade e de pequeno formato.

Interligações ópticas: Ao substituir a cablagem eléctrica convencional dentro de um computador, as interligações ópticas aumentam as velocidades de transferência de dados e reduzem o consumo de energia.

Aplicações da computação digital ótica.

As potenciais aplicações da computação digital ótica são vastas e abrangem vários domínios:

Centros de dados: Ao oferecer um processamento de dados mais rápido e um menor consumo de energia, a computação ótica pode transformar os centros de dados e satisfazer a procura crescente de serviços em nuvem.

Inteligência artificial: Devido à sua capacidade de processamento paralelo, a computação ótica é muito promissora como meio de acelerar os algoritmos de aprendizagem automática, o que poderá levar ao desenvolvimento de aplicações de IA que funcionem de forma mais rápida e eficaz.

Computação quântica: Ao combinar a computação quântica com a computação ótica, podem ser exploradas novas vias para a comunicação segura e para a resolução de problemas difíceis que ultrapassam o âmbito dos computadores convencionais.

Imagiologia médica: Ao melhorar a velocidade e a precisão dos métodos de imagiologia médica, a computação ótica pode resultar em diagnósticos mais exactos e melhores resultados para os doentes.

Comunicação: A computação ótica pode melhorar as redes de comunicação e permitir ligações à Internet extremamente rápidas, aumentando a velocidade de transmissão de dados.

Desafios e limitações

Apesar da sua promessa, a computação digital ótica enfrenta vários desafios:

Infra-estruturas: A criação e instalação da infraestrutura necessária para a computação ótica é uma tarefa difícil, e a mudança dos sistemas electrónicos convencionais não é simples.

Integração: Pode ser difícil coordenar componentes ópticos e electrónicos num sistema informático, sendo necessário resolver problemas de compatibilidade.

Perda de sinal: Devido à dispersão e absorção, os sinais ópticos podem deteriorar-se a longa distância, o que constitui um problema para algumas aplicações.

Custo: A mudança para a computação ótica pode ser dispendiosa porque a infraestrutura e os componentes ópticos podem atualmente ser mais caros do que os seus equivalentes electrónicos.

Uma mudança de paradigma na tecnologia de processamento de informação, a computação digital ótica promete soluções de computação mais rápidas, mais eficientes em termos energéticos e escaláveis. Com os limites cada vez maiores da tecnologia e dos requisitos de processamento de dados, a computação ótica apresenta um substituto viável para os sistemas electrónicos convencionais. Embora tenha desvantagens e restrições, o estudo e o avanço contínuos nesta área podem abrir a porta a uma nova era na computação, em que o processamento de informação será alimentado pela velocidade da luz.

3.2. Redes Neurais Ópticas:

As redes neuronais ópticas imitam o processamento de informação neuronal, tirando partido do paralelismo e da extensa interligação da luz. A ideia das redes neuronais ópticas, como os perceptrons multicamadas, as redes de funções de base radial e as redes neuronais recorrentes, é introduzida nesta secção [72-74]. São discutidas as vantagens das redes neuronais ópticas, incluindo a sua rápida velocidade de processamento e a sua possível utilização na identificação e otimização de padrões.

No domínio em rápida evolução da inteligência artificial (IA), está a ocorrer uma transformação notável com a integração da ótica e das redes neuronais. As redes neuronais ópticas (ONN), uma tecnologia inovadora, têm o potencial de fazer avançar grandemente a inteligência artificial (IA), a aprendizagem automática e a aprendizagem profunda, aproveitando as propriedades únicas da luz para o processamento e a transmissão de dados. Computação ótica e redes neuronais. A ideia da computação ótica tem sido estudada há muitos anos como um substituto da computação eletrónica. Por outro lado, a recente convergência de redes neuronais e ótica resultou em ONNs, que fornecem um novo método para lidar com tarefas desafiantes de IA. As redes neuronais ópticas (ONN) tiram partido das vantagens das redes neuronais artificiais e da ótica para aumentar a velocidade de processamento de dados e a eficiência energética. Inspiradas na estrutura do cérebro humano, as redes neuronais artificiais são constituídas por nós interligados, ou neurónios, que comunicam hierarquicamente. Estas redes têm demonstrado um desempenho notável em tarefas como o processamento de linguagem natural, a tomada de decisões autónomas e o reconhecimento de imagens e de voz. Os fundamentos das redes neuronais, como as camadas convolucionais e recorrentes, estão a ser modificados para funcionarem com tecnologias ópticas. A Fig.5 mostra a arquitetura de um correlacionador ótico e de um sistema de reconhecimento de padrões neuronais.

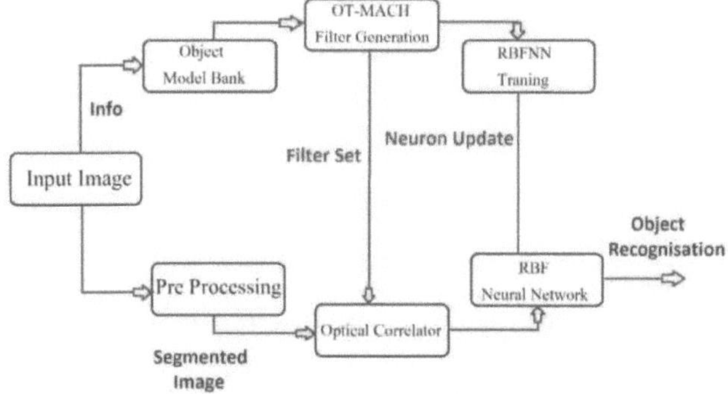

Fig.5. Arquitetura de um correlacionador ótico e de um sistema neural de reconhecimento de padrões

Princípios das ONN

As ONN funcionam com base no princípio da utilização da luz como portadora de informação em vez de sinais eléctricos. Os componentes principais de um ONN incluem:

Neurónios ópticos: Estas são as unidades básicas de processamento que utilizam sinais ópticos para efetuar cálculos. Normalmente, são utilizados interferómetros, moduladores de fase e fotodetectores para realizar os neurónios ópticos. São capazes de realizar operações fundamentais, como funções de ativação e somatórios ponderados.

Ligações ponderadas: Ao ajustar a fase e a intensidade dos sinais luminosos, são criadas ligações ópticas. Os pesos sinápticos que determinam a força das ligações inter-neurónios são transportados por estas ligações. Estes pesos podem ser ajustados de modo a que as ONNs possam ter desempenhos diferentes para tarefas diferentes.

Funções de ativação: ReLU (Unidade Linear Retificada) e sigmoide são exemplos de funções de ativação que podem ser implementadas com o Light, permitindo as transformações não lineares necessárias para cálculos de redes neurais.

Arquitetura em camadas: Tal como as redes neuronais convencionais, as ONN estão organizadas em camadas. Os dados ópticos são recebidos pela camada de entrada, sendo depois processados e transformados pelas camadas posteriores. A velocidade da luz é mantida ao longo destas transformações graças aos componentes ópticos.

Modulação e propagação: A modulação e a propagação de sinais ópticos são fundamentais para a eficiência da ONN. Enquanto os sinais são propagados através de guias de ondas e outros componentes ópticos, a modulação de fase e amplitude é utilizada para codificar a informação na luz.

Vantagens das ONNs

As ONNs oferecem várias vantagens que as tornam uma escolha atractiva para várias aplicações de IA:

Velocidade: Uma vez que a luz se move a uma velocidade tão elevada, as ONN podem processar informações milhares de vezes mais rapidamente do que as que utilizam redes neuronais electrónicas convencionais. As aplicações em tempo real, como centros de dados, robótica e veículos autónomos, beneficiam muito desta velocidade.

Paralelismo: Uma vez que as ONNs podem executar cálculos em simultâneo em várias localizações, suportam naturalmente um paralelismo massivo. Os tempos de treinamento e inferência são significativamente reduzidos como resultado desse paralelismo.

Eficiência energética: Em comparação com a eletrónica, a ótica requer muito menos energia, o que a torna uma tecnologia eficiente em termos energéticos. Esta eficiência é essencial para permitir dispositivos de computação periférica com baterias de maior duração e reduzir a pegada energética dos sistemas de IA em grande escala.

Escalabilidade: As redes profundas e as tarefas complicadas podem ser facilmente criadas com ONNs porque são facilmente escaláveis através da adição de mais componentes ópticos.

Largura de banda **de dados**: Os sinais ópticos podem tratar grandes quantidades de dados em aplicações como simulações científicas e processamento de vídeo de alta definição devido à sua grande largura de banda.

Imunidade ao ruído: Os sinais baseados na luz são mais fiáveis numa série de condições de funcionamento porque são menos vulneráveis ao ruído e às interferências electromagnéticas.

Desafios e limitações

Embora as ONN sejam muito promissoras, também enfrentam vários desafios e limitações:

Integração: Pode ser difícil integrar componentes ópticos nos sistemas electrónicos actuais; é necessária uma normalização para facilitar esta transição.

Custo: O desenvolvimento e a produção de componentes ópticos podem ser dispendiosos, o que pode impedir a utilização generalizada das ONN.

Complexidade do treino: Atualmente, a formação de ONNs é uma tarefa complexa que requer conhecimentos especializados e envolve uma combinação de processos ópticos e electrónicos.

Escalabilidade: Embora as ONN sejam naturalmente escaláveis, pode ser uma tarefa de engenharia difícil construir redes neuronais ópticas maciças com ligações ópticas exactas.

Sensibilidade ambiental: O desempenho dos componentes ópticos pode ser afetado por factores ambientais como a temperatura e a vibração.

Suporte limitado de hardware: Uma vez que as ONNs são uma tecnologia relativamente nova, a experimentação pode ser difícil devido à falta de hardware facilmente disponível. Aplicações das ONNs

As ONNs têm o potencial de revolucionar uma vasta gama de aplicações:

Processamento de imagem e vídeo: As ONNs são altamente especializadas em reconhecimento de objectos e processamento de vídeo, o que as torna indispensáveis para trabalhos como deteção de objectos, análise de vídeo e vigilância.

Sistemas autónomos: Ao processar dados de sensores em tempo real e ao facilitar a tomada de decisões mais rápidas, as ONN podem melhorar as capacidades dos drones e dos automóveis autónomos.

Computação científica: Ao utilizar ONNs para análise de dados, simulações científicas e outras tarefas de computação de elevado desempenho, as descobertas científicas podem ser efectuadas mais rapidamente.

Processamento de linguagem natural: As tarefas que envolvem o processamento de linguagem natural, como chatbots e tradução automática, podem ser concluídas de forma mais rápida e eficaz com ONNs.

Cuidados de saúde: As ONN têm potencial para dar contributos significativos para a descoberta de medicamentos, imagiologia médica e diagnóstico.

Serviços financeiros: No sector financeiro, as ONN podem ser utilizadas para deteção de fraudes, análise de riscos e negociação de alta frequência.

Otimização energética: As ONNs podem ajudar na conceção de edifícios mais eficientes em termos energéticos e otimizar a quantidade de energia utilizada nos centros de dados.

O futuro das ONNs

Embora o desenvolvimento e a integração das ONN nos ecossistemas de IA ainda estejam a dar os primeiros passos, existe um grande potencial. As ONN têm potencial para ter um grande impacto numa variedade de indústrias, incluindo cuidados de saúde, finanças, entretenimento e transportes, bem como para abrir novas fronteiras de IA. Os investigadores e engenheiros estão a abordar ativamente as questões da escalabilidade, da relação custo-eficácia e da integração, a fim de concretizar plenamente o potencial das ONN. Em suma, as redes neuronais ópticas combinam os melhores aspectos das redes neuronais e da ótica para criar uma tecnologia revolucionária que é escalável, rápida e eficiente em termos energéticos. Apesar das suas dificuldades, as redes neuronais ópticas têm um futuro brilhante à sua frente e têm o potencial de mudar completamente o panorama da IA, abrindo novas vias para a criatividade e utilizações práticas.

3.3. Computação quântica ótica:

As tecnologias ópticas têm muito a ganhar com a computação quântica, que promete cálculos dez vezes mais rápidos. A utilização de componentes ópticos no processamento de informação quântica, incluindo a distribuição de chaves quânticas, portas quânticas e algoritmos quânticos, é abordada nesta secção [75,76]. Examina as possibilidades de desenvolver sistemas de computação quântica moduláveis e tolerantes a falhas utilizando a fotónica integrada e a ótica quântica.

A computação quântica veio introduzir uma mudança de paradigma revolucionária no domínio da computação. Os computadores quânticos utilizam qubits, que são unidades fundamentais de armazenamento e manipulação de dados que podem existir em múltiplos estados simultaneamente devido aos princípios da sobreposição e do emaranhamento. Isto contrasta com os computadores clássicos, que utilizam bits. Por este motivo, os computadores quânticos são capazes de resolver alguns problemas dez vezes mais depressa do que os seus homólogos clássicos. A computação quântica ótica é uma abordagem promissora à computação quântica que oferece vantagens distintas em relação a outras abordagens. Este artigo aprofunda o domínio da computação quântica ótica, examinando os seus fundamentos, os avanços actuais, os obstáculos e as perspectivas para a indústria do processamento de informação.

Princípios da computação quântica ótica

Utilizando as características dos fotões - os blocos de construção da luz - a computação quântica ótica é capaz de gerar e controlar qubits. Devido às suas muitas vantagens, os fotões são uma boa escolha para a computação quântica.

Superposição: Os fotões são perfeitos para codificar qubits porque podem existir em múltiplos estados quânticos ao mesmo tempo. Os computadores quânticos ópticos podem executar múltiplos cálculos em paralelo tirando partido da sobreposição, o que pode resultar em acelerações notáveis para tarefas específicas.

Emaranhamento: Os fotões são ideais para gerar e preservar qubits emaranhados, um fenómeno em que os estados de dois fotões estão inextricavelmente ligados, independentemente da sua distância entre si. Para o teletransporte e comunicação quânticos seguros, esta caraterística é essencial.

Baixa interferência: Em comparação com outros bits quânticos, como os iões aprisionados ou os qubits supercondutores, os fotões são menos vulneráveis à interferência do mundo exterior. Esta caraterística é crucial para preservar os frágeis estados quânticos necessários para a computação.

Distribuição quântica de chaves (QKD) e computação quântica ótica: Avanços actuais A distribuição de chaves quânticas é uma das utilizações mais eficazes da computação quântica ótica. Ao transmitir chaves de encriptação utilizando as ideias do emaranhamento quântico, a QKD permite uma comunicação segura. Os sistemas QKD estão disponíveis comercialmente e proporcionam uma maior segurança na transmissão de dados. São o resultado do desenvolvimento de numerosas empresas e instituições de investigação. Os investigadores fizeram grandes progressos na criação de peças fotónicas que podem executar portas quânticas, necessárias para a computação quântica. O desenvolvimento de portas quânticas fotónicas, essenciais para a construção de circuitos quânticos, tornou possíveis sistemas de computação quântica ótica mais sofisticados.

Repetidores quânticos: A investigação em computação quântica ótica conduziu ao desenvolvimento de repetidores quânticos, que ultrapassam a restrição do decaimento do emaranhamento a longas distâncias. Ao aumentar o alcance do emaranhamento quântico, estes aparelhos tornam possível construir computação quântica distribuída e redes quânticas seguras.

Desafios e obstáculos

Escalabilidade: Aumentar a dimensão dos sistemas de computação quântica ótica continua a ser uma tarefa difícil. Uma vez que os estados quânticos são sensíveis a estímulos externos, é um desafio criar e manipular circuitos quânticos maiores com fotões.

Correção de erros: Dado que os computadores quânticos são sensíveis à decoerência, os erros são inevitáveis. O desenvolvimento de códigos de correção de erros eficientes para sistemas de computação quântica ótica constitui um desafio permanente.

Intensidade de recursos: A adoção generalizada da computação quântica ótica é dificultada pela necessidade de configurações elaboradas e que consomem muitos recursos. Um objetivo crucial é reduzir os requisitos de recursos, mantendo o desempenho.

Compatibilidade: É difícil integrar a computação quântica ótica na atual infraestrutura clássica. Existem desafios práticos e técnicos para assegurar a integração sem descontinuidades dos sistemas quânticos e clássicos.

Perspectivas futuras e aplicações

Embora a computação quântica ótica esteja ainda a dar os primeiros passos, tem um grande potencial para uma série de utilizações:

Criptografia: Para proteger os dados e as comunicações no futuro, será crucial dispor de sistemas de comunicação quântica seguros baseados na computação quântica ótica e na encriptação resistente à quântica.

Otimização: Com possíveis utilizações na ciência dos materiais, finanças e logística, a computação quântica ótica tem o potencial de transformar completamente as questões de otimização. Os progressos significativos nestes domínios podem resultar da resolução de problemas difíceis a um ritmo nunca antes visto.

Desenvolvimento de medicamentos: As simulações de interacções moleculares mais precisas proporcionadas pelos computadores quânticos aceleram o processo de descoberta de novos medicamentos.

Aprendizagem automática: Os avanços no reconhecimento de padrões, no processamento de linguagem natural e na análise de dados poderão ser possíveis graças à computação quântica ótica.

Uma direção interessante no domínio mais vasto da computação quântica é a computação quântica ótica. A sua utilização de fotões para criar e modificar qubits proporciona vantagens especiais como o emaranhamento e a sobreposição. Embora tenha havido muitos progressos, continuam a existir problemas de compatibilidade, escalabilidade, correção de erros e intensidade de recursos. Mas enquanto os cientistas continuarem a tentar resolver estes problemas, a computação quântica ótica tem o potencial de revolucionar uma série de indústrias, incluindo a aprendizagem automática, o desenvolvimento de medicamentos, a criptografia, a otimização e outras. Oferece uma antevisão do processamento de informação no futuro, quando um poder computacional inaudito puder ser desbloqueado através da utilização das características quânticas da luz.

4. Computação ótica no processamento e comunicação de dados:

A computação ótica proporciona benefícios significativos no processamento e comunicação de dados. Nesta secção são abordadas várias aplicações, como o armazenamento ótico de dados, as interligações ópticas e o processamento ótico de sinais. Analisa estes desenvolvimentos e centra-se no modo como afectam as taxas de transferência de dados, a capacidade de armazenamento e o desempenho do sistema como um todo [77,78]. Devido às suas vantagens inerentes em termos de velocidade, largura de banda e paralelismo, a computação ótica tem potencial para ter um impacto substancial no processamento e transmissão de dados. Seguem-se alguns exemplos do modo como a computação ótica pode ser utilizada nestes domínios:

Uma estrutura simples de comunicação ótica de dados é mostrada na Fig.6 A transmissão de factos matemáticos sob a forma ocular pode ser esgotada ao ar livre, propondo absolutamente um raio de luz a um fotodetector a uma distância destacada, mas a impedância que acompanha o feixe sob a forma de revestimentos de transposição de calor, poeira, chuva, nevoeiro e obstruções adicionais pode apresentar questões de fabrico significativas:

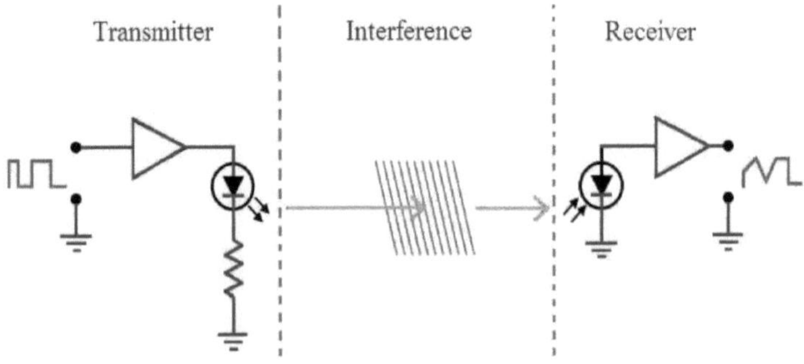

Fig.6 Estrutura simples da comunicação ótica de dados.

Transmissão de dados: Na transferência de dados a longa distância, os sistemas de comunicação ótica, como as redes de fibra ótica, já desempenham um papel fundamental. As comunicações ópticas proporcionam uma elevada largura de banda e uma baixa latência, podendo transmitir grandes volumes de dados a grandes distâncias com pouca perda de sinal. Ao proporcionar uma comunicação eficaz entre componentes e ao eliminar os estrangulamentos provocados pelas interligações electrónicas, as interligações ópticas podem melhorar significativamente a transmissão de dados nos sistemas de computação em computação ótica.

Processamento a alta velocidade: É possível que a computação ótica processe dados a velocidades muito elevadas. É possível o funcionamento de componentes ópticos da gama dos terahertz, permitindo uma rápida modulação, comutação e computação de sinais. Esta vantagem de velocidade é especialmente útil para aplicações que requerem processamento de dados em tempo real, como transacções financeiras, simulações científicas e processamento de imagem/vídeo.

Processamento paralelo: Utilizando a computação ótica, muitos fluxos de dados podem ser processados ao mesmo tempo devido ao paralelismo intrínseco da luz. Os cálculos paralelos são possíveis graças à simplicidade dos sinais ópticos na divisão, combinação e manipulação. Particularmente para aplicações que envolvam grandes conjuntos de dados ou métodos paralelos, tais como extração de dados, simulações e inteligência artificial, este paralelismo pode acelerar grandemente os processos de processamento de dados.

Reconhecimento ótico de padrões: Os problemas de reconhecimento de padrões são particularmente adequados para técnicas de computação ótica como a holografia e o processamento baseado na correlação. A deteção de objectos, o reconhecimento ótico de caracteres (OCR), a identificação biométrica e a categorização de imagens são alguns exemplos das utilizações do reconhecimento ótico de padrões. Estas actividades podem ser realizadas rápida e eficazmente tirando partido do paralelismo da ótica.

Redes neuronais ópticas: O paralelismo e a velocidade que a computação ótica proporciona podem ser utilizados em benefício das redes neuronais, que são uma parte importante de muitas aplicações de aprendizagem automática e de IA. As capacidades de processamento paralelo das redes neuronais ópticas, frequentemente designadas por redes neuronais fotónicas, permitem tarefas de formação e inferência mais rápidas em grandes conjuntos de dados. A aprendizagem profunda, o processamento de linguagem natural e a identificação de imagens podem ser acelerados pelas redes neuronais ópticas.

Armazenamento ótico: Para armazenar e recuperar grandes quantidades de dados em suportes tridimensionais, o armazenamento holográfico de dados, por exemplo, utiliza padrões de interferência ótica. Em comparação com os sistemas convencionais de armazenamento magnético ou eletrónico, o armazenamento ótico pode oferecer uma elevada densidade, não volátil e, possivelmente, um acesso mais rápido aos dados.

As capacidades de processamento de dados e de comunicação da computação ótica tornam-na uma tecnologia viável para satisfazer as necessidades crescentes das aplicações informáticas contemporâneas. Para aproximar a computação ótica de uma aplicação e adoção generalizadas, as actividades de investigação e desenvolvimento em curso concentram-se na melhoria dos componentes ópticos, dos algoritmos e da integração de sistemas.

4.1. Armazenamento ótico de dados:

O desenvolvimento de sistemas de armazenamento de dados ópticos tem sido impulsionado pela procura de armazenamento de dados de alta densidade e de acesso rápido [79,80]. Esta secção inclui novas tecnologias, nomeadamente o armazenamento holográfico de dados e a memória ótica 3D, bem como sistemas de memória ótica como CD, DVD e Blu-ray. Analisa ainda as possibilidades de armazenamento de dados de capacidade ultraelevada utilizando a fotónica. A gestão, o acesso e o arquivo de informações em grande escala têm-se tornado cada vez mais importantes, exigindo constantes inovações e avanços na tecnologia de armazenamento de dados. Dotado de vantagens como o armazenamento não volátil, a elevada capacidade e a durabilidade, o armazenamento ótico de dados tem sido essencial neste percurso.

Evolução do armazenamento ótico de dados

Início Os investigadores começaram a experimentar a ideia de utilizar a tecnologia laser para ler e escrever dados em suportes ópticos especialmente preparados no início da década de 1960, altura em que surgiu o armazenamento ótico de dados [81]. O Gravador Ótico a Laser (LOR), o primeiro dispositivo de armazenamento ótico, foi desenvolvido no início da década de 1970. O lançamento do Disco Compacto (CD) em 1982, que assinalou uma mudança de paradigma na forma como armazenávamos e acedíamos aos dados digitais, foi o ponto de viragem. O armazenamento de áudio de alta capacidade e, mais tarde, de dados digitais, foi possível graças aos CDs, que utilizavam um laser vermelho para ler dados codificados como pequenos buracos e terras na superfície do disco. Um DVD é um disco versátil digital. Em 1995, foram introduzidos os DVDs, um avanço em relação à tecnologia dos CDs [82]. Como estes discos ópticos tinham mais espaço de armazenamento, eram perfeitos para guardar ficheiros multimédia, como filmes. O esquema de codificação mais avançado utilizado nos DVDs produziu poços e terras ainda mais pequenos. Discos Ultra HD Em 2006, os discos Blu-ray, que utilizam um laser azul-violeta para permitir densidades de dados ainda mais elevadas, revolucionaram o armazenamento ótico de dados. Inovação Blu-ray. Para armazenar dados e ver filmes de alta definição, a tecnologia Blu-ray ainda hoje é útil.

Tecnologias actuais de armazenamento ótico de dados

Blu-ray, DVD e CD Embora os métodos de armazenamento ótico, como os discos CD, DVD e Blu-ray (apresentados na Fig. 7), já não sejam a norma para armazenar dados diários, continuam a ser amplamente utilizados para arquivo, em especial no sector do entretenimento [83,84]. Motores ópticos As peças de hardware que lêem e escrevem dados em suportes ópticos são designadas por unidades ópticas. Apesar de as unidades ópticas estarem a tornar-se menos comuns nos computadores de secretária e portáteis, continuam a ser necessárias para muitas aplicações profissionais, incluindo forense, aviação e imagiologia médica. Grande capacidade de armazenamento ótico Os investigadores desenvolveram tecnologias de armazenamento ótico de grande capacidade, como o armazenamento holográfico de dados. Estas tecnologias utilizam lasers para produzir padrões tridimensionais em suportes de armazenamento. Com as prometidas capacidades de armazenamento de vários terabytes, esta tecnologia é uma escolha atraente para o arquivamento de dados a longo prazo. Discos históricos Para aplicações de arquivo, foram criados suportes ópticos com uma vida útil mais longa, materiais estáveis e requisitos rigorosos de controlo de qualidade. Estes discos são utilizados em domínios como os registos governamentais e a investigação científica, onde a preservação de dados é essencial. Flash Light e Label Flash A superfície superior dos discos ópticos pode ser personalizada com etiquetas ou gráficos utilizando as tecnologias Light Scribe e Label Flash. Esta funcionalidade melhora a organização e o aspeto estético dos suportes ópticos.

Fig.7. Diferentes dispositivos de armazenamento, como CD, DVD e Blu-Ray Disc.

Futuro do armazenamento ótico de dados

Armazenamento de dados 5D via ótica O armazenamento de dados ópticos 5D é um dos desenvolvimentos mais promissores no domínio do armazenamento de dados ópticos. Esta tecnologia modifica a nanoestrutura do disco utilizando a escrita a laser de femtosegundo para criar um armazenamento a cinco dimensões [85]. A polarização, a intensidade e as três dimensões espaciais estão incluídas nas dimensões. Esta estratégia pode resultar numa durabilidade e densidade de dados nunca antes vistas. Armazenamento de dados de ADN O armazenamento de dados de ADN e o armazenamento de dados ópticos podem funcionar em conjunto. Devido à densidade de dados extraordinariamente elevada do ADN, os cientistas estão a estudar a codificação de informação digital em moléculas de ADN artificial. O armazenamento baseado em ADN pode ser lido e escrito utilizando tecnologia ótica, oferecendo uma solução escalável e de longo prazo para o arquivo de dados. Armazenamento de dados amigo do ambiente Com a crescente sensibilização para as questões ambientais, o armazenamento de dados ótico apresenta uma opção potencialmente mais amiga do ambiente em comparação com as técnicas convencionais de armazenamento de dados. Os discos ópticos são energeticamente eficientes para o arquivamento a longo prazo, uma vez que não são voláteis e não necessitam de energia constante para reter dados. Armazenamento ótico quântico Utilizando as ideias da física quântica, o armazenamento ótico quântico permite o armazenamento e a recuperação de dados com níveis de velocidade e segurança nunca antes vistos. Esta tecnologia tem o potencial de expandir as capacidades do armazenamento ótico de dados, aproveitando as propriedades quânticas da matéria e da luz. Armazenamento ótico espacial Em missões espaciais, o armazenamento ótico de dados pode revelar-se extremamente importante. Devido à resistência, estabilidade e grande capacidade dos suportes ópticos, estes são uma óptima opção para o armazenamento de dados a longo prazo em naves espaciais, estações espaciais e outros veículos espaciais futuros

Desafios e considerações

Embora o armazenamento ótico de dados tenha um futuro brilhante, há uma série de questões a resolver:

Transferência de dados: A migração de dados para formatos mais recentes pode ser necessária à medida que os formatos de armazenamento ótico mais antigos se tornam obsoletos devido aos avanços tecnológicos.

Tempo de vida dos dados: Os danos físicos, o calor, a humidade e outros factores podem provocar a deterioração da integridade dos dados ao longo do tempo, mesmo com discos de qualidade de arquivo.

Custo: A implementação de tecnologias de armazenamento ótico de alta capacidade, especialmente para aplicações de armazenamento em massa, pode ser dispendiosa.

Concorrência: As unidades de estado sólido (SSD) e o armazenamento em fita magnética são duas tecnologias de armazenamento que concorrem com o armazenamento ótico de dados.

Com uma longa história, o armazenamento de dados ópticos tem fornecido soluções de elevada capacidade, fiáveis e não voláteis para arquivo e armazenamento de dados. Embora possa já não ser a melhor opção para armazenar dados no dia a dia, continua a desenvolver-se e a adaptar-se às exigências de um mundo cada vez mais centrado nos dados. As perspectivas futuras são animadoras graças a tecnologias emergentes como o armazenamento ótico quântico, o armazenamento de ADN e o armazenamento 5D. O armazenamento ótico de dados continua a ser uma parte viável e relevante do ambiente digital atual, porque os dados continuam a ser um recurso valioso para muitos tipos diferentes de empresas.

4.2. Interligações ópticas:

As comunicações de elevada largura de banda e baixa latência entre componentes de um sistema informático são possíveis graças a interligações ópticas. Esta secção examina o modo de ligar processadores, módulos de memória e outros componentes de computação utilizando fibras ópticas, guias de onda e ótica de espaço livre [86]. São abordadas as dificuldades de incorporação de interligações ópticas nos actuais sistemas eléctricos, juntamente com as potenciais vantagens de um paradigma de computação totalmente ótico. A necessidade de uma transmissão de dados mais rápida e eficaz no nosso mundo cada vez mais interligado é maior do que nunca. Conhecidas por outro nome, interconexões fotónicas, as interconexões ópticas surgiram como uma tecnologia revolucionária que pretende satisfazer estes requisitos. As interligações ópticas têm muitas vantagens, incluindo maior largura de banda, menor consumo de energia e menor latência, uma vez que transferem dados utilizando sinais de luz em vez de sinais eléctricos.

Tecnologia subjacente às interligações ópticas

Transmissão de dados com base na luz: O método de transmissão de dados utilizado pelas interligações ópticas baseia-se em sinais de luz, normalmente sob a forma de feixes de laser. A ideia básica é que os sinais ópticos são criados por lasers semicondutores a partir de sinais eléctricos e os fotodetectores são utilizados para detetar os sinais ópticos depois de produzidos. A interação dos fotões, ou partículas de luz, com os electrões é a base desta tecnologia.

Fibras ópticas e guias de onda: As guias de onda e as fibras ópticas são utilizadas para direcionar e guiar eficazmente os sinais de luz. Os fios longos e finos de vidro ou plástico, conhecidos como fibras ópticas, são capazes de transmitir luz a grandes distâncias com pouca perda de força do sinal. Por outro lado, os guias de onda são as estruturas internas de orientação da luz encontradas em microchips e outros dispositivos.

Modulação ótica: A informação é codificada no sinal ótico através do processo de modulação. Os dados são representados como variações no sinal ótico utilizando uma variedade de técnicas de modulação, incluindo a modulação de amplitude, a modulação de frequência e a modulação de fase. A informação digital sob a forma de 0s e 1s pode ser transmitida utilizando estes métodos.

Aplicações das interligações ópticas

Centros de dados: Os centros de atividade digital, ou centros de dados, requerem interligações de alta velocidade e baixa latência. Para satisfazer estas necessidades, os centros de dados estão a adotar cada vez mais as interligações ópticas. Elas oferecem alta largura de banda, o que possibilita que os dados sejam transferidos entre servidores e sistemas de armazenamento rapidamente. Isto é essencial para a análise de grandes volumes de dados, a computação em nuvem e outras aplicações com grande volume de dados.

Telecomunicações: Para o envio de enormes volumes de dados a grandes distâncias, o sector das telecomunicações depende das interligações ópticas. As redes de fibra ótica, que permitem chamadas de voz, videoconferências e acesso à Internet de alta velocidade, surgiram como a base dos sistemas de comunicação internacionais. Graças às interligações ópticas, os dados podem ser transferidos de forma fiável e eficaz através dos continentes.

Computação de alto desempenho: As interligações ópticas são utilizadas por supercomputadores e clusters de computação de alto desempenho para ligar módulos de memória e nós de processamento. Para resolver problemas científicos e de engenharia difíceis, como a descoberta de medicamentos, simulações de aerodinâmica e modelação climática, estes sistemas precisam de transferir dados de forma rápida e eficaz.

Eletrónica de consumo: As interligações ópticas estão a ser introduzidas numa variedade de produtos electrónicos de consumo. Por exemplo, os cabos ópticos que suportam Thunderbolt e HDMI fornecem transmissão de vídeo e áudio de alta definição. Para proporcionar experiências fluidas e sem atrasos, as interligações ópticas são também utilizadas em auscultadores de realidade virtual e consolas de jogos.

Vantagens das interligações ópticas

Largura de banda elevada: Uma das principais vantagens das interligações ópticas é a sua largura de banda excecionalmente elevada. Uma vez que os sinais de luz viajam a uma frequência muito superior à dos sinais eléctricos, podem ser transmitidos mais dados num período de tempo mais curto, o que é importante para aplicações que requerem uma transferência rápida de dados.

Baixa latência: A latência da transmissão de dados pode ser muito reduzida com as interligações ópticas. Isto é particularmente significativo para sectores como os jogos em linha, veículos autónomos e comércio financeiro, onde o processamento de dados em tempo real é essencial. Os sinais de luz minimizam os atrasos porque se movem quase à velocidade da luz.

Eficiência energética: As interligações ópticas utilizam menos energia do que as interligações convencionais baseadas em cobre. Como os componentes ópticos utilizam menos energia e perdem menos sinal durante a transmissão, são uma opção mais sustentável e amiga do ambiente.

Imunidade à interferência electromagnética: Uma vez que os sinais ópticos não são afectados por interferências electromagnéticas, são mais fiáveis em situações em que existe muito ruído elétrico. Isto é especialmente útil em experiências científicas sensíveis e em ambientes industriais.

Desafios e limitações

Custo: Quando comparada com as soluções convencionais baseadas em cobre, a implementação da tecnologia de interligação ótica pode ser mais dispendiosa. O preço dos componentes ópticos, como as fibras, os detectores e os lasers, pode constituir um obstáculo à sua adoção generalizada.

Desafios de integração: Pode ser difícil integrar as interligações ópticas nos sistemas electrónicos actuais. Frequentemente, é necessário efetuar alterações difíceis na conceção de chips e outros dispositivos.

Alinhamento e calibração: Para que as interligações ópticas assegurem uma transmissão de dados eficaz, os componentes devem ser alinhados e calibrados com precisão. Qualquer desalinhamento pode causar degradação ou perda de sinal.

Alcance limitado: Embora as fibras ópticas sejam óptimas para enviar dados a longas distâncias, o alcance das interligações ópticas no interior dos microchips e das ligações de curta distância pode ser limitado.

Desenvolvimentos futuros

Estão ainda em curso actividades de investigação e desenvolvimento no domínio das interconexões ópticas com o objetivo de fazer avançar a tecnologia e resolver os problemas actuais [87].

Fotónica de silício: Um domínio de estudo promissor que procura integrar diretamente componentes ópticos em pastilhas de silício é a chamada fotónica de silício. Isto pode resultar em soluções de interligação ótica mais integradas e a preços razoáveis.

Interligações ópticas quânticas: Utilizando os conceitos da mecânica quântica para permitir uma transferência de dados segura e extremamente rápida, as interligações ópticas quânticas são o estado da arte em termos de conceção tecnológica. Embora ainda estejam em fase experimental, têm o poder de mudar completamente a comunicação de dados.

Escalabilidade: Estão a ser desenvolvidas iniciativas para aumentar a escalabilidade e a adaptabilidade das interligações ópticas a um maior número de aplicações. Isto implica a criação de soluções ópticas que sejam pequenas e simples de utilizar.

A comunicação e a transmissão de dados estão a mudar graças às interligações ópticas. São uma tecnologia essencial em muitas indústrias diferentes, incluindo centros de dados, telecomunicações e eletrónica de consumo, devido à sua elevada largura de banda, baixa latência, eficiência energética e imunidade a interferências electromagnéticas. Podemos prever o aparecimento de ainda mais utilizações e soluções de ponta à medida que a investigação e o desenvolvimento trabalham para ultrapassar os limites desta tecnologia, revolucionando ainda mais a indústria da transmissão e comunicação de dados.

4.3. Processamento de sinais ópticos:

As técnicas de processamento de sinais ópticos revolucionaram vários aspectos das redes de comunicação [88]. Esta secção examina as aplicações da amplificação ótica, da conversão do comprimento de onda e das transformadas ópticas de Fourier para tarefas de processamento de sinais. Examina também as potenciais aplicações do processamento ótico de sinais ao acesso múltiplo por divisão de código ótico (CDMA), à cifragem ótica e a melhores formatos de modulação.

O domínio dinâmico do processamento de sinais ópticos, que se situa no nexo entre o processamento de sinais e a ótica, centra-se na modificação e transformação de sinais ópticos para uma série de utilizações. Com o mundo a tornar-se cada vez mais dependente da comunicação de dados, da imagiologia e da deteção, este campo multidisciplinar está a tornar-se cada vez mais importante. Utilizando as qualidades especiais da luz, o processamento de sinais ópticos efectua tarefas como a filtragem, a modulação e as transformações de Fourier, promovendo avanços nas tecnologias de deteção, imagiologia e telecomunicações.

Fundamentos do processamento de sinais ópticos

Essencialmente, o processamento de sinais ópticos depende das características básicas da luz, tais como a sua elevada largura de banda, velocidade e natureza ondulatória. Devido a estas propriedades, a luz é um portador de informação altamente eficaz que pode transferir grandes volumes de dados rapidamente. Desde a luz visível até aos infravermelhos e mais além, o processamento de sinais ópticos funciona numa vasta gama de comprimentos de onda, oferecendo flexibilidade e adaptabilidade a várias aplicações.

Dualidade onda-partícula: As características de onda e de partícula estão presentes na luz. Devido a esta dualidade, o processamento de sinais ópticos pode utilizar a difração e a interferência para uma variedade de fins, como a análise espetral e a holografia.

Alta velocidade: No vácuo, os fotões, ou partículas de luz, movem-se à velocidade da luz, ou cerca de 299.792.458 metros por segundo. Em aplicações como as comunicações por fibra ótica, em que as taxas de transferência de dados são críticas, esta alta velocidade é inestimável.

Largura de banda larga: Como a luz pode viajar numa grande variedade de comprimentos de onda, os sinais de alta frequência podem ser transmitidos e alterados. Para projectos como a análise espetral e a imagiologia de alta resolução, esta largura de banda é vantajosa. **Aplicações do processamento de sinais ópticos**

O processamento de sinais ópticos é utilizado em muitos domínios diferentes e está a revolucionar a transmissão e o processamento de informações. Entre as aplicações importantes estão:

Comunicações por fibra ótica: No mundo atual das telecomunicações, o processamento de sinais ópticos é essencial. Grandes volumes de dados são transmitidos através de cabos de fibra ótica utilizando sinais ópticos, que são amplificados, descodificados e codificados por processadores ópticos para garantir uma transferência de dados eficaz.

Processamento de imagem e vídeo: Para melhorar a qualidade da imagem, reduzir o ruído e efetuar diferentes transformações, os sistemas de imagem utilizam processadores ópticos. As câmaras digitais, as imagens de satélite e as imagens médicas são alguns exemplos de aplicações.

O processamento de sinais ópticos é necessário para a análise espetral em disciplinas como a química, a monitorização ambiental e a astronomia. Para extrair informações úteis de dados espectrais, são utilizados métodos como a transformação de Fourier.

A holografia é um método ótico de captura e montagem de imagens tridimensionais. Os hologramas são feitos e mostrados utilizando o processamento de sinais ópticos, que tem aplicações no armazenamento de dados, na segurança e nas artes.

A deteção ótica utiliza a forma como a luz interage com os materiais para identificar características químicas e físicas. Em aplicações como a monitorização ambiental e os cuidados de saúde, o processamento de sinais ópticos melhora a sensibilidade e a precisão destes sensores.

Técnicas fundamentais no processamento de sinais ópticos

O processamento de sinais ópticos é possível graças a uma série de técnicas básicas que suportam a sua vasta gama de aplicações. Estes métodos utilizam as qualidades especiais da luz para alterar a informação: Quando duas ou mais ondas de luz se sobrepõem, ocorre um fenómeno conhecido como interferência, que pode ser construtivo ou destrutivo. É a base dos instrumentos ópticos utilizados em medições precisas e na metrologia ótica, como os interferómetros.

Difração: A luz dobra-se e espalha-se quando entra em contacto com uma obstrução ou orifício. Por exemplo, as grelhas de difração dividem a luz nas suas cores individuais, facilitando a análise espetral.

Transformação de Fourier: Para analisar sinais complexos no processamento de sinais ópticos, a Transformação de Fourier é uma ferramenta matemática comum. Permite a realização de tarefas como o processamento de imagens e a análise espetral, decompondo um sinal nos seus componentes de frequência. Para codificar informações, a amplitude ou a fase de uma onda portadora pode ser alterada. Este processo é conhecido como modulação. A modulação de amplitude e de fase são métodos frequentemente utilizados nas comunicações ópticas para codificar dados em sinais de luz.

Ótica não linear: Os processos ópticos não lineares tiram partido da relação entre as características ópticas de um material e a intensidade da luz. Aplicações como a amplificação paramétrica e a duplicação de frequências utilizam a ótica não linear.

Desafios e direcções futuras

Existem vários obstáculos que impedem a concretização do extraordinário potencial do processamento de sinais ópticos. A investigação ainda está a ser feita nos domínios do controlo da dispersão e das perdas nos sistemas ópticos, da criação de componentes fotónicos acessíveis e da incorporação de processadores ópticos nas tecnologias actuais. Além disso, espera-se que as comunicações seguras e a computação quântica beneficiem grandemente do desenvolvimento do processamento quântico de sinais ópticos.

O processamento de sinais ópticos é um domínio interdisciplinar que utiliza a manipulação de informação através da utilização das qualidades especiais da luz. As suas utilizações incluem deteção, imagiologia, telecomunicações, entre outras. Nos próximos anos, o processamento ótico de sinais promete transformar completamente a forma como processamos, transmitimos e manipulamos a informação, melhorando persistentemente as técnicas básicas e resolvendo obstáculos. Isto irá permitir uma vasta gama de inovações e aplicações tecnológicas.

5. Computação ótica em Inteligência Artificial:

As tarefas de inteligência artificial (IA), como a aprendizagem automática e o reconhecimento de padrões, dependem fortemente da capacidade de processamento. Esta secção analisa as técnicas de aprendizagem automática, as redes neuronais ópticas e o reconhecimento ótico de padrões como aplicações da computação ótica na inteligência artificial [89]. Discute as vantagens da computação ótica em termos de paralelismo, eficiência energética e processamento em tempo real. As capacidades de processamento paralelo de alta velocidade da computação ótica permitem-lhe ter um impacto potencial em muitos aspectos da inteligência artificial (IA). A computação ótica tem aplicações na IA que incluem as seguintes

Aceleração dos algoritmos de IA: Os algoritmos de IA podem ser acelerados com a computação ótica devido ao seu paralelismo incorporado e à sua rápida velocidade de processamento. As multiplicações de matrizes, as convoluções e os cálculos de aprendizagem profunda - todas operações computacionalmente exigentes em sistemas eléctricos tradicionais - podem ser executadas em simultâneo graças à aplicação de técnicas de computação ótica. Isto acelera consideravelmente os processos de formação e inferência em aplicações de IA.

Redes neuronais ópticas: O paralelismo e a velocidade da ótica são utilizados pelas redes neuronais ópticas, frequentemente designadas por redes neuronais fotónicas, para efetuar cálculos de IA. Podem implementar de forma eficiente e compacta redes neuronais maciças. As redes neuronais ópticas podem ser aplicadas a projectos que incluem sistemas de recomendação, reconhecimento de voz, processamento de linguagem natural e reconhecimento de imagens. Em comparação com as implementações electrónicas convencionais, as redes neuronais ópticas têm potencial para tempos de formação e inferência mais rápidos, porque tiram partido do paralelismo da luz.

Reconhecimento de padrões ópticos: Para a identificação de padrões ópticos em aplicações de IA, podem ser utilizados métodos de computação ótica como a holografia e o processamento baseado na correlação. O reconhecimento ótico de padrões é útil para aplicações como o reconhecimento facial, a deteção de objectos e o reconhecimento ótico de caracteres (OCR), porque pode tratar eficazmente grandes quantidades de dados em paralelo.

Armazenamento ótico de dados: Através do armazenamento ótico de dados, a computação ótica pode também fazer avançar a inteligência artificial. Por exemplo, o armazenamento holográfico de dados utiliza padrões de interferência ótica para armazenar e recuperar grandes quantidades de dados em três dimensões. As aplicações de inteligência artificial (IA) que requerem grandes quantidades de dados de treino podem beneficiar da capacidade das tecnologias de armazenamento ótico para fornecer acesso rápido e de alta densidade a enormes conjuntos de dados.

Interligações ópticas: A comunicação e a transferência de dados entre unidades de processamento de IA, como GPUs ou TPUs, podem ser melhoradas através de interligações ópticas. Quando comparadas com as interligações electrónicas convencionais, as interligações ópticas têm maior largura de banda, menor latência e menor consumo de energia. Isto pode melhorar o desempenho do sistema, resolvendo os problemas de transferência de dados em sistemas de IA de grande escala.

Sistemas ópticos baseados em IA: O desempenho dos dispositivos de computação ótica pode ser melhorado e optimizado utilizando abordagens de IA. O controlo adaptativo, a otimização de componentes ópticos e a correção de erros em sistemas de comunicação ótica são alguns exemplos de actividades que podem ser tratadas por algoritmos de IA. Estes sistemas ópticos com IA podem melhorar a eficácia, fiabilidade e adaptabilidade das tecnologias de computação ótica. A Fig.8 mostra o sistema ótico com IA. Embora as aplicações práticas e a fusão de tecnologias ópticas e de IA sejam ainda temas de investigação activos, a computação ótica é promissora para aplicações em inteligência artificial. O êxito da aplicação da computação ótica na IA depende da superação das dificuldades no desenvolvimento de componentes, na integração de sistemas e na conceção de algoritmos.

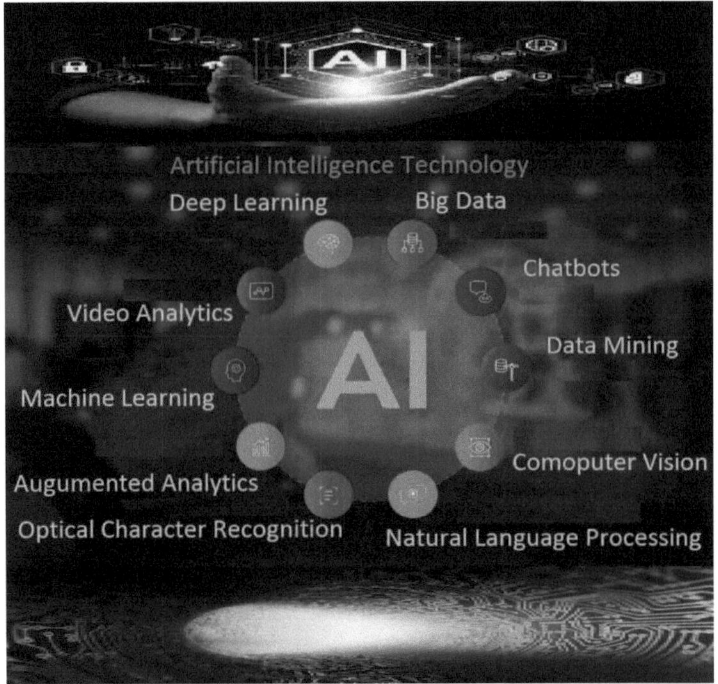

Fig.8. Sistema ótico com IA

5.1 Reconhecimento ótico de padrões:

O paralelismo e a velocidade da luz são utilizados por sistemas ópticos de reconhecimento de padrões para aplicações que incluem a deteção de objectos, a categorização de imagens e o reconhecimento ótico de caracteres. Para aplicações de reconhecimento de padrões, esta secção examina os correlacionadores ópticos, os correlacionadores de transformação conjunta e o armazenamento endereçável por conteúdo [90]. São também abordados os recentes avanços nos sistemas híbridos ótico-digitais para melhorar o reconhecimento de padrões.

O estudo do reconhecimento de padrões ópticos utiliza as características especiais da luz para realizar tarefas complexas de análise de imagens. Esta área de estudo multidisciplinar combina conceitos de processamento de sinais, visão por computador e ótica para criar sistemas capazes de identificar e decifrar padrões em imagens. O reconhecimento de padrões ópticos, que remonta a meados do século XX, avançou consideravelmente e encontrou utilização numa variedade de domínios, incluindo a automação industrial, a segurança e a imagiologia médica.

A ideia básica subjacente ao reconhecimento ótico de padrões consiste em processar, manipular e analisar imagens através de componentes ópticos, utilizando a luz como portadora de informação. Em comparação com os métodos convencionais de processamento digital de imagens, esta abordagem tem algumas vantagens, como a velocidade, o paralelismo e o potencial para operações em tempo real. Neste artigo, exploramos os elementos essenciais do reconhecimento ótico de padrões, incluindo as suas ideias fundamentais, utilizações e mudança de posição no atual ambiente tecnológico.

Princípios básicos do reconhecimento ótico de padrões

Ótica de Fourier: A aplicação da ótica de Fourier é fundamental para o reconhecimento de padrões ópticos. Esta estrutura matemática permite converter uma imagem na sua representação no domínio da frequência, o que facilita a identificação de padrões específicos. As transformações de Fourier são executadas utilizando uma variedade de instrumentos ópticos, incluindo lentes e moduladores espaciais de luz.

Correlação: As técnicas de correlação são frequentemente utilizadas no reconhecimento ótico de padrões. O conceito fundamental consiste em utilizar a correlação ótica para comparar uma imagem de entrada com um padrão de referência. Isto oferece capacidades fiáveis e rápidas de reconhecimento de padrões, tanto no domínio espacial como no domínio da frequência.

Holografia: O reconhecimento de padrões ópticos recorreu à holografia, que é capaz de registar e reconstruir tanto a informação de fase como a de intensidade da luz. As técnicas holográficas, como as características de autenticação holográfica em cartões de crédito e passaportes, permitem o reconhecimento de padrões tridimensionais e podem ser utilizadas na segurança.

Filtros: Para melhorar a identificação de padrões específicos, são utilizados filtros ópticos - em particular, filtros espaciais correspondentes. Ao correlacionar uma imagem de entrada com um padrão de referência, estes filtros podem ser feitos para aumentar a precisão do reconhecimento.

Aplicações do reconhecimento ótico de padrões

Imagiologia biomédica: O reconhecimento ótico de padrões é utilizado na área da medicina para analisar imagens médicas, como ressonâncias magnéticas e raios X, bem como para detetar células cancerígenas em lâminas patológicas. Os métodos ópticos são úteis para o diagnóstico porque podem fornecer informações em tempo real.

Segurança e vigilância: Uma parte importante dos sistemas de segurança é o reconhecimento ótico de padrões. É utilizado para verificação de documentos, análise de impressões digitais e reconhecimento facial em câmaras de segurança. Estas aplicações são essenciais para o controlo das fronteiras e a aplicação da lei.

Automação industrial: O reconhecimento ótico de padrões é utilizado no fabrico e na automatização industrial para detetar defeitos e assegurar o controlo de qualidade. Garante que os produtos estão isentos de falhas e cumprem normas específicas, o que aumenta a produtividade e reduz os custos de produção.

Astronomia e Deteção Remota: Enquanto as imagens de satélite são analisadas para monitorização ambiental, fins agrícolas e resposta a catástrofes, os astrónomos utilizam o reconhecimento de padrões ópticos para identificar objectos celestes.

Reconhecimento ótico de caracteres (OCR): A tecnologia OCR, que transforma texto manuscrito ou impresso em formato digital, baseia-se no reconhecimento ótico de padrões. Esta tecnologia alterou a gestão de documentos e a introdução de dados numa variedade de sectores.

Reconhecimento de gestos: O reconhecimento de padrões ópticos é utilizado no domínio da interação homem-computador para reconhecer gestos, permitindo aos utilizadores interagir com aparelhos como auscultadores de realidade virtual e consolas de jogos de uma forma natural e intuitiva.

Desafios e avanços

O reconhecimento ótico de padrões é amplamente utilizado, mas tem limitações devido à sua sensibilidade ao ruído, às flutuações da iluminação e à necessidade de componentes ópticos especializados. No entanto, muitos destes problemas foram resolvidos através da investigação contínua e dos avanços tecnológicos. Por exemplo, a robustez e a precisão dos sistemas de reconhecimento ótico de padrões aumentaram com o desenvolvimento de moduladores espaciais de luz sofisticados e de algoritmos melhorados. O reconhecimento ótico de padrões também está a ser combinado com técnicas de aprendizagem automática e de aprendizagem profunda para criar sistemas mais flexíveis que podem aprender com os dados e ajustar-se a novos padrões. O futuro deste domínio está a ser moldado por esta sinergia entre os métodos ópticos convencionais e as abordagens computacionais contemporâneas.

O intrigante domínio do reconhecimento ótico de padrões utiliza as qualidades especiais da luz para realizar tarefas exigentes de análise de imagens. As suas utilizações estão muito difundidas, desde a indústria transformadora e a astronomia até à segurança e aos cuidados de saúde. O reconhecimento ótico de padrões é uma ferramenta inestimável para o nosso mundo cada vez mais centrado na imagem, e a sua integração com as tecnologias informáticas contemporâneas promete um potencial ainda maior. Esta área será crucial para o avanço da análise de imagens à medida que a investigação e a tecnologia se desenvolvem, permitindo um reconhecimento de padrões mais rápido e mais preciso, necessário para uma variedade de aplicações.

5.2 Redes Neuronais Ópticas para IA:

A IA tem um grande potencial quando utiliza arquitecturas de computação neuromórficas, que são modeladas a partir da estrutura e funcionamento do cérebro humano. Esta secção estuda a forma de incorporar elementos e ideias ópticas em modelos de redes neuronais para produzir computações de IA rápidas e de baixo consumo [91]. Aborda os quadros de aprendizagem profunda ótica, a ponderação sináptica ótica e os modelos de neurónios ópticos. A Fig.9 mostra as entradas, as camadas ocultas e as saídas de uma rede neuronal.

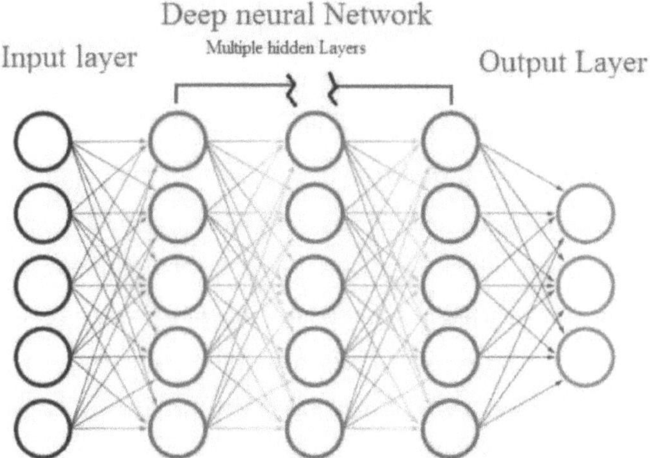

A Fig.9 mostra as entradas, as camadas ocultas e as saídas de uma rede neural.

As técnicas de aprendizagem profunda e o poder das redes neuronais permitiram avanços notáveis na inteligência artificial (IA) nos últimos anos. Para satisfazer a procura crescente de sistemas de IA mais rápidos e mais eficientes em termos energéticos, têm de ser desenvolvidos novos paradigmas de computação, uma vez que as aplicações de IA continuam a aumentar em complexidade e escala. As redes neuronais ópticas, ou ONN, tornaram-se uma solução viável para estes problemas devido às suas vantagens distintas em relação às redes convencionais.

redes neuronais electrónicas. Este ensaio examinará a ideia das ONN e a forma como poderão transformar completamente a inteligência artificial.

Introdução à computação ótica: O processamento e transmissão de informação através da computação ótica utiliza as características dos fotões. A computação ótica utiliza a luz em vez de electrões, como fazem os computadores electrónicos tradicionais, o que tem várias vantagens. Como os fotões não produzem calor e se movem muito rapidamente, utilizam muito menos energia. O paralelismo e a velocidade inatos dos sistemas ópticos tornam-nos perfeitos para tarefas de IA, que frequentemente requerem grandes quantidades de capacidade de processamento.

Os elementos constitutivos das redes neuronais ópticas: Uma variedade de componentes ópticos, tais como guias de ondas, moduladores e fotodetectores, são utilizados para construir ONNs. Estes componentes utilizam diferentes interacções com a luz para realizar as funções básicas necessárias para a aprendizagem profunda. Tal como as redes neuronais artificiais tradicionais, as ONN têm normalmente várias camadas. Quando a luz entra na rede, sofre alterações semelhantes às ponderações e activações nas redes neuronais electrónicas à medida que se desloca através das camadas.

Processamento paralelo: A capacidade das ONN para processar dados em paralelo maciço é uma das suas maiores vantagens. A execução sequencial de cálculos em redes neuronais electrónicas pode resultar em estrangulamentos e num desempenho lento para tarefas complexas de inteligência artificial. Por outro lado, como as ONNs podem processar dados simultaneamente em vários canais, podem acelerar significativamente tarefas como a aprendizagem por reforço profundo, o processamento de linguagem natural e o reconhecimento de imagens.

Melhoria da eficiência energética: Para os sistemas de IA contemporâneos, o consumo de energia é uma grande preocupação. A utilização de hardware convencional para treinar redes neurais profundas pode consumir muitos recursos e ser insustentável do ponto de vista ambiental. Ao tirar partido das propriedades de baixo consumo de energia da luz, as ONNs resolvem este problema e aumentam significativamente a eficiência energética. Por conseguinte, são um forte concorrente para soluções de IA a longo prazo.

Velocidade de processamento melhorada: A velocidade dos ONNs é revolucionária. Em comparação com os sinais electrónicos, os sinais ópticos movem-se ordens de grandeza mais rapidamente, ou seja, viajam à velocidade da luz. Esta velocidade de processamento rápida pode reduzir o tempo necessário para treinar e inferir modelos de IA. As ONNs são especialmente úteis em aplicações em tempo real em que é essencial tomar decisões rápidas.

Escalabilidade melhorada: A escalabilidade torna-se um componente crucial à medida que os modelos de IA se tornam mais complexos. Uma solução escalável que se pode ajustar às crescentes exigências computacionais é fornecida pelas ONNs. As ONNs podem aumentar a sua capacidade sem se depararem com as mesmas restrições que os sistemas electrónicos, incorporando mais componentes ópticos e contagens de canais.

Desafios e limitações: Embora as ONN tenham um grande potencial, existem algumas dificuldades. Pode ser difícil e dispendioso integrar componentes ópticos no hardware eletrónico atual. É também necessária experiência na conceção e fabrico de componentes ópticos para as ONN. Além disso, como os sistemas ópticos exigem precisão, variáveis externas como poeira e mudanças de temperatura podem ter um impacto no seu funcionamento.

Aplicações das redes neuronais ópticas

As aplicações potenciais das ONNs são vastas e abrangem vários domínios, incluindo:

Cuidados de saúde: Ao melhorar a imagiologia médica, as ONN podem conduzir a diagnósticos mais rápidos e mais precisos. Podem também acelerar o processo de descoberta de novos medicamentos através da análise de grandes quantidades de dados.

Veículos autónomos: Uma vez que as ONN podem processar quantidades maciças de dados de sensores em tempo real, tornam possível o desenvolvimento de sistemas de condução autónoma mais seguros e sofisticados.

Finanças: Ao analisar rapidamente enormes conjuntos de dados, as ONNs podem melhorar os modelos de previsão financeira, facilitando uma melhor avaliação do risco e escolhas de investimento.

Aeroespacial: As ONN têm potencial para aumentar significativamente a eficácia e a segurança da exploração espacial e do controlo do tráfego aéreo.

Robótica: Ao permitir que os robôs naveguem em ambientes complexos e tomem decisões mais rapidamente, as ONNs podem melhorar as suas capacidades numa série de aplicações, desde o fabrico até às operações de busca e salvamento.

O futuro das ONNs

As ONNs têm o poder de mudar o panorama da IA à medida que o tempo passa. Estão a ser desenvolvidos esforços activos de investigação e engenharia para resolver os problemas actuais e criar ONNs mais utilizáveis e práticas para uma gama mais vasta de aplicações. Embora as redes neuronais electrónicas possam não ser totalmente substituídas pelas ONN, é provável que coexistam e que cada uma sirva um conjunto específico de casos de utilização.

Com o potencial de criar sistemas de aprendizagem profunda que são mais rápidos, mais eficientes em termos energéticos e escaláveis, as redes neuronais ópticas representam um desenvolvimento empolgante na inteligência artificial. A sua capacidade de processar dados à velocidade da luz em paralelo cria novas oportunidades para aplicações de IA numa série de indústrias. As ONN podem ser essenciais para o avanço da tecnologia, à medida que os cientistas trabalham para resolver os seus problemas e melhorá-la.

5.3. Computação ótica na aprendizagem automática:

Os algoritmos de aprendizagem automática requerem uma grande capacidade de computação. As operações de inferência e a aceleração de tarefas de aprendizagem profunda utilizando a computação ótica são dois exemplos de tarefas de aprendizagem automática que são exploradas nesta secção. As redes neuronais convolucionais (CNN), as redes neuronais recorrentes (RNN) e as redes adversárias generativas (GAN) são todas abordadas em termos das suas implementações ópticas [92]. A utilização da ótica, ou de tecnologias baseadas na luz, para realizar tarefas computacionais no contexto da aprendizagem automática e da inteligência artificial, é o tema do domínio em desenvolvimento da computação ótica na aprendizagem automática. Enquanto a computação ótica utiliza as qualidades especiais da luz, a computação eletrónica tradicional depende da manipulação de sinais eléctricos para efetuar cálculos.

Eis alguns aspectos fundamentais da computação ótica na aprendizagem automática:

Paralelismo: Ao tirar partido do paralelismo das ondas de luz, a computação ótica permite processar dados em simultâneo. Certos algoritmos de aprendizagem automática, que frequentemente requerem operações matemáticas complexas em grandes conjuntos de dados, podem ser grandemente acelerados desta forma.

Velocidade: Dado que a luz viaja a uma velocidade tão elevada, os processadores ópticos podem ser substancialmente mais rápidos do que os processadores electrónicos equivalentes. O treino de redes neuronais profundas e outras tarefas computacionalmente exigentes podem beneficiar desta velocidade.

Eficiência energética: Dado que os sistemas baseados na luz consomem menos energia e produzem menos calor do que a computação eletrónica tradicional, a computação ótica pode ser mais eficiente em termos energéticos do que a computação eletrónica.

Interconectividade: A comunicação de alta largura de banda entre vários componentes do sistema de aprendizagem automática pode ser facilitada por interligações ópticas, o que acelera a transferência de dados e a formação de modelos.

Holografia: Na aprendizagem automática, os componentes ópticos holográficos podem ser utilizados para efetuar cálculos específicos, como a multiplicação de matrizes, que é essencial para muitas funções das redes neuronais.

Computação quântica: Com a sua utilização de algoritmos quânticos e estratégias de otimização melhoradas, as tecnologias ópticas também podem ser aplicadas neste domínio, o que poderá transformar completamente a aprendizagem automática.

Obstáculos e restrições:

Integração: Pode ser difícil integrar componentes ópticos nos actuais sistemas electrónicos. Num futuro próximo, poderão ser necessários sistemas híbridos que combinem componentes ópticos e electrónicos.

Ruído e perdas: A precisão e a fiabilidade dos sistemas ópticos podem ser comprometidas pela sua sensibilidade a influências externas e perdas na transmissão da luz.

Escalabilidade: Ainda é difícil criar sistemas de computação ótica em grande escala para a aprendizagem automática, e as aplicações no mundo real ainda estão em fase experimental.

Custo: O elevado custo de desenvolvimento e produção de componentes de computação ótica pode impedir que estas tecnologias sejam amplamente utilizadas.

Compatibilidade de algoritmos: Nem todos os algoritmos de aprendizagem automática podem beneficiar igualmente das implementações ópticas e pode ser difícil modificar os algoritmos para tirar partido da computação ótica.

No domínio da aprendizagem automática, a computação ótica é promissora em termos de eficiência energética, velocidade e paralelismo. No entanto, é ainda um domínio em desenvolvimento e as dificuldades de integração, escalabilidade e custo impedem atualmente as implementações práticas. A computação ótica poderá revolucionar o domínio da aprendizagem automática, tornando-se um componente crucial dos futuros sistemas à medida que a investigação e a tecnologia progridem.

6. Computação ótica no processamento de informação quântica:

O processamento de informação quântica, que pretende utilizar fenómenos quânticos para uma computação poderosa e uma comunicação segura, depende fortemente da computação ótica. Nesta secção, são examinadas as principais utilizações da computação ótica no processamento de informação quântica, incluindo algoritmos quânticos, portas quânticas e distribuição de chaves quânticas [93]. Chama a atenção para as vantagens das plataformas ópticas no desenvolvimento de sistemas de computação quântica escaláveis e eficazes.

Particularmente no contexto da ótica quântica e da comunicação quântica, a contagem ótica é essencial para o processamento da informação quântica. Algumas características significativas da contagem ótica no processamento de informação quântica são as seguintes

Deteção de fotões: Os fotões individuais são encontrados e medidos durante a contagem ótica. Para contar com precisão o número de fotões num sinal ótico, são utilizados detectores de fotões, como os díodos de avalanche de fotão único (SPAD) ou os detectores de nanofios supercondutores. Estes detectores são capazes de uma resolução de fotões únicos de elevada eficiência e baixo ruído, uma vez que funcionam no regime quântico.

Discriminação de estados quânticos: Para distinguir entre vários estados quânticos contidos em sinais ópticos, é utilizada a contagem ótica. A criação e modificação de estados quânticos, tais como qubits, que são armazenados nas características quânticas de fotões individuais ou modos ópticos, é uma tarefa comum no processamento de informação quântica. É possível discriminar entre vários estados quânticos e extrair a informação neles armazenada efectuando medições de contagem ótica.

Distribuição de chaves quânticas (QKD): A QKD é uma tecnologia de criptografia quântica que permite a comunicação segura entre duas partes, baseando-se nas ideias da mecânica quântica. Na QKD, a contagem ótica é utilizada para determinar se um determinado fotão está presente ou ausente num canal quântico. Como resultado, pode ser estabelecida uma chave secreta partilhada que pode ser utilizada para uma comunicação segura.

Medições quânticas de não-demolição (QND): A observação de um sistema quântico, mantendo o seu estado inalterado, é conhecida como uma medição quântica não perturbadora, ou QND. A contagem ótica pode ser utilizada para determinar de forma não destrutiva as propriedades de um estado quântico em experiências QND. Por exemplo, na computação quântica de ótica linear, as medições QND podem ser utilizadas para determinar o número de fotões num modo ótico, o que é importante para verificar a eficiência de determinadas portas ou operações quânticas.

Metrologia quântica: A metrologia quântica, que implica a medição exacta de quantidades físicas com elevada sensibilidade, utiliza a contagem ótica. Para efetuar medições que ultrapassam o limite clássico, a metrologia quântica utiliza as características quânticas da luz, como a sobreposição e o emaranhamento. A deteção e medição de fotões individuais é possível através da contagem ótica, permitindo medições extremamente precisas em aplicações de metrologia quântica.

Controlo de Feedback Quântico: A contagem ótica pode ser incorporada como um componente de um circuito de controlo de feedback em algumas actividades de processamento de informação quântica. No controlo de feedback, o sistema quântico é ajustado ou manipulado para produzir os efeitos desejados, utilizando os dados de medição. O estado do sistema quântico é revelado por medições de contagem ótica, permitindo modificações em tempo real para melhorar o desempenho ou corrigir erros. A abordagem fundamental do processamento de informação quântica, a contagem ótica, é essencial para muitas aplicações diferentes, incluindo a computação quântica, a computação quântica e a metrologia, bem como a comunicação quântica. A exatidão e a eficácia da contagem ótica no contexto do processamento de informação quântica são continuamente melhoradas através de melhorias contínuas na tecnologia de deteção de fotões e nas técnicas de medição quântica.

6.1. Distribuição de chaves quânticas:

Uma forma segura de distribuir chaves de encriptação é através da distribuição quântica de chaves (QKD). Esta secção descreve como criar sistemas QKD utilizando métodos ópticos, incluindo geradores de fotões únicos, interferência quântica e detectores de fotões [94, 95]. Analisa também os desenvolvimentos em redes quânticas e repetidores que permitem uma comunicação segura a longa distância.

No domínio da criptografia quântica, uma técnica denominada distribuição de chaves quânticas (QKD) utiliza as leis da mecânica quântica para proteger os canais de comunicação. Oferece uma forma de gerar e trocar chaves criptográficas entre duas partes de um modo que as torna virtualmente impermeáveis à escuta, mesmo no caso de a parte que está a escutar ter acesso ilimitado à potência do computador. Isto deve-se ao Princípio da Incerteza de Heisenberg, que é um dos conceitos fundamentais da mecânica quântica.

Os principais componentes e características da Distribuição de Chave Quântica incluem:

Propriedades Quânticas: A sobreposição e o emaranhamento de estados quânticos, entre outras ideias fundamentais da física quântica, são a base da QKD. A informação pode ser transmitida e codificada numa forma quântica utilizando estas características.

Fotões únicos: A informação é codificada em fotões únicos, que são os blocos de construção da luz, em muitos protocolos QKD. Isto garante que qualquer tentativa de escuta causaria uma perturbação nos estados quânticos, que seria então detetável.

Princípio da incerteza: De acordo com o Princípio da Incerteza de Heisenberg, é impossível medir alguns pares de propriedades (como a posição e o momento) simultaneamente e com uma precisão arbitrária. Isto significa que um espião irá inevitavelmente introduzir erros se tentar medir os estados quânticos no contexto do QKD.

Provas de segurança: As fortes provas matemáticas de segurança utilizadas na conceção dos protocolos QKD mostram a sua resistência a diferentes tipos de ataques. A base desta segurança é a legislação fundamental da física quântica.

Troca de chaves quânticas: Com o QKD, duas partes - tipicamente designadas por Alice e Bob - podem gerar uma chave secreta partilhada. Trocam estados quânticos, utilizam esses estados para criar uma chave criptográfica e mantêm-se atentos a potenciais espiões.

Deteção de escutas: A capacidade de identificar tentativas de interceção é uma das principais vantagens do QKD. O processo de geração de chaves pode ser interrompido se uma espiã chamada Eve tentar intercetar os estados quânticos que estão a ser trocados entre Alice e Bob. As suas medições causarão uma perturbação que será notada.

Comunicação segura: Quando uma chave segura é criada com QKD, pode ser utilizada para encriptar e desencriptar dados, garantindo que a comunicação de Alice e Bob é extremamente segura.

Implementações no mundo real: Os sistemas QKD foram criados e implementados numa série de contextos em que é necessário o mais elevado nível de segurança, como a comunicação segura em instituições governamentais, financeiras e de investigação.

É crucial lembrar que, apesar de fornecer garantias de segurança robustas baseadas na mecânica quântica, a QKD não está isenta de dificuldades práticas. O seu desempenho no mundo real pode ser afetado por factores como o ruído do canal, as limitações do equipamento e a necessidade de hardware especializado. No entanto, num mundo em que a segurança e a privacidade dos dados são críticas, a QKD oferece um método promissor para proteger as comunicações.

6.2. Portas e circuitos quânticos:

Para manipular estados quânticos e efetuar cálculos quânticos, são necessárias portas quânticas [96,97]. Esta secção examina a forma de criar portas quânticas utilizando componentes ópticos, incluindo divisores de feixe, deslocadores de fase e cristais não lineares. São abordadas as dificuldades de expandir os circuitos quânticos ópticos e de os incorporar em arquitecturas de computadores quânticos de maior dimensão.

A transformação do estado quântico de um ou mais qubits por portas quânticas é representada por matrizes. Eis alguns conceitos-chave relacionados com as portas e os circuitos quânticos:

Portas Quânticas: Na computação clássica, as portas quânticas são comparáveis às portas lógicas clássicas. Efectuam operações específicas em qubits e servem como blocos de construção fundamentais dos circuitos quânticos. As representações matriciais das portas quânticas mostram como estas modificam os estados quânticos de um ou mais qubits.

Circuitos Quânticos: Um conjunto de qubits é colocado através de uma sequência de portas quânticas para criar um circuito quântico. Estas portas são implementadas uma após a outra, e o estado quântico final pode ser grandemente afetado pela sequência em que são aplicadas.

Normalmente, os circuitos quânticos são apresentados graficamente como fios que representam qubits e portas que são aplicadas sequencialmente a esses fios.

Portas quânticas comuns:

Porta Pauli-X (X-gate): É o equivalente quântico da porta NOT clássica. Inverte o estado de um qubit, mudando ¡0) para ¡1) e vice-versa.

Porta Pauli-Y (porta Y): Introduz uma mudança de fase e uma inversão de bit num qubit.

Porta Pauli-Z (Z-gate): Introduz uma mudança de fase sem alterar os estados da base. Porta de Hadamard (porta H): Cria uma sobreposição e é frequentemente utilizada para colocar um qubit num estado em que tem uma probabilidade igual de ser medido como ¡0) ou ¡1).

Porta CNOT (Controlled-NOT): Esta porta é uma porta de dois qubits em que um qubit serve de controlo e o outro de alvo. Inverte o qubit de destino se e só se o qubit de controlo for ¡1).

Operações de circuitos quânticos:

Superposição: Um circuito quântico pode colocar os qubits numa superposição de estados, permitindo-lhes existir numa combinação linear de ¡0) e ¡1) simultaneamente.

Emaranhamento: As portas quânticas podem criar emaranhamento entre qubits, o que significa que o estado de um qubit está correlacionado com o estado de outro, mesmo quando estão fisicamente separados.

Medição Quântica:

Os circuitos quânticos terminam frequentemente com uma etapa de medição, que transforma o estado de sobreposição dos qubits em estados clássicos (|0) ou |1)) com probabilidades determinadas pelo estado quântico.

Algoritmos quânticos: Os algoritmos quânticos, como o algoritmo de Grover para pesquisar bases de dados não ordenadas, o algoritmo de Shor para faturar grandes números e os algoritmos de simulação quântica para investigar sistemas quânticos, são implementados utilizando portas e circuitos quânticos.

O desenvolvimento de algoritmos e aplicações quânticos requer a utilização de portas e circuitos quânticos. Estas ideias serão cruciais para ajudar a resolver problemas complicados mais rapidamente do que com os computadores tradicionais numa variedade de domínios, como a otimização, a ciência dos materiais e a criptografia, à medida que a tecnologia da computação quântica se desenvolve.

6.3 Algoritmos e simulações quânticas:

Em comparação com os algoritmos clássicos, os algoritmos quânticos utilizam os conceitos da mecânica quântica para resolver problemas mais rapidamente [98,99]. Esta secção examina as possibilidades dos dispositivos ópticos para a realização de algoritmos quânticos, como o algoritmo de pesquisa de bases de dados de Grover e o método de Shor para a factorização de números grandes. Também aborda o modo como os simuladores ópticos podem ser utilizados para investigar sistemas quânticos e verificar a validade dos algoritmos quânticos.

No domínio da computação quântica, os algoritmos e simulações quânticos constituem um importante campo de estudo e investigação. Utilizando as ideias da mecânica quântica, o campo em rápido desenvolvimento da computação quântica é capaz de completar alguns cálculos muito mais rapidamente do que os computadores tradicionais. Ao investigar as possíveis utilizações e poderes dos computadores quânticos, as simulações e os algoritmos quânticos são ferramentas essenciais. Eis um resumo destas ideias:

Algoritmos em Quantum: Os métodos computacionais conhecidos como algoritmos quânticos são criados especificamente para computadores quânticos. Aproveitam as qualidades especiais dos bits quânticos, ou qubits, que podem ser emaranhados e existir em múltiplos estados em simultâneo devido à sobreposição, conduzindo a um nível mais elevado de paralelismo e poder computacional. Entre os algoritmos quânticos mais conhecidos contam-se:

Algoritmo de Shor: Este algoritmo é conhecido pela sua eficácia na factorização de números grandes. Isto tem grandes consequências para decifrar sistemas de encriptação tradicionais.

Algoritmo de Grover: Este algoritmo oferece um aumento de velocidade quadrático em relação aos algoritmos clássicos ao pesquisar uma base de dados não ordenada.

Transformada quântica de Fourier: Utilizada na estimativa de fase quântica e no processamento de sinais quânticos, é uma parte básica de muitos algoritmos quânticos.

Passeios Quânticos: Estes análogos quânticos dos passeios aleatórios clássicos são úteis numa variedade de contextos, incluindo algoritmos de pesquisa.

Simulações Quânticas: Uma utilização importante dos computadores quânticos é a criação de simulações quânticas. Estas simulações consistem em simular o comportamento de sistemas quânticos com um computador quântico, o que frequentemente não é viável ou possível com computadores clássicos devido à complexidade exponencial da simulação de fenómenos quânticos. Este tipo de simulação é utilizado em vários sectores:

Simulação molecular: O comportamento de materiais e moléculas a nível quântico pode ser simulado por computadores quânticos. Isto tem aplicações na química, na ciência dos materiais e no desenvolvimento de medicamentos.

Teoria Quântica de Campos: A física das partículas e a teoria quântica dos campos são temas complexos para os computadores clássicos. No entanto, as simulações quânticas podem ajudar a compreender e modelar estes temas.

Ótica Quântica e Física da Matéria Condensada: Ao utilizar simuladores quânticos para investigar fenómenos, os investigadores podem aprender mais sobre estes campos de estudo.

Técnicas de Monte Carlo Quântico: Para simular sistemas físicos complexos, os computadores quânticos podem superar as técnicas clássicas de Monte Carlo.

Os computadores quânticos práticos e em grande escala ainda estão longe de ser desenvolvidos e os algoritmos e simulações quânticos ainda estão a dar os primeiros passos. No entanto, existe uma grande probabilidade de estas tecnologias transformarem uma série de sectores, como a ciência dos materiais, o desenvolvimento de medicamentos e a criptografia. À medida que o hardware quântico continua a progredir, os investigadores estão a trabalhar arduamente na criação de novos algoritmos e aplicações quânticos.

7. Desafios e direcções futuras no domínio da computação ótica:

Embora a computação ótica tenha um grande potencial, há ainda uma série de questões que têm de ser resolvidas antes de poder ser amplamente utilizada. As dificuldades com a integração de dispositivos, a redução de perdas, as fontes de ruído e a escalabilidade são abordadas nesta secção [100-102]. Destaca também os últimos avanços tecnológicos e os projectos de investigação em curso que poderão ajudar a resolver estes problemas. Examina também potenciais desenvolvimentos futuros na computação ótica, incluindo a criação de circuitos integrados fotónicos, dispositivos híbridos ótico-electrónicos e novos materiais para computação ótica.

Embora a computação ótica tenha muitas utilizações potenciais, há ainda muitos obstáculos a ultrapassar antes de poder ser utilizada na vida quotidiana. Eis algumas das principais questões e orientações para o futuro da computação ótica:

Desenvolvimento de componentes: Para sistemas de computadores ópticos, é essencial criar componentes ópticos que sejam eficazes, pequenos e fiáveis. O desenvolvimento de fontes de luz, moduladores, comutadores, detectores e guias de onda está incluído neste contexto. A investigação de materiais inovadores, incluindo o grafeno e as estruturas nanofotónicas, será uma prioridade futura, a fim de melhorar a funcionalidade e a integração dos componentes ópticos.

Escalabilidade: Continua a ser difícil aumentar a escala dos sistemas de computação ótica para processamento de dados em grande escala. Isto exige a criação de métodos para a integração de vários componentes ópticos, o controlo de diafonia e interferência e a resolução das dificuldades de complexidade do sistema. A fim de permitir a escalabilidade dos sistemas de computação ótica, as direcções futuras incluem a investigação de circuitos integrados fotónicos (PIC) e técnicas de fabrico de ponta.

Interferência de sinal e ruído: Várias fontes de ruído e interferência, incluindo a dispersão, a deterioração do sinal e a interferência cruzada, podem afetar as comunicações ópticas. O desenvolvimento de estratégias para reduzir o ruído e melhorar os rácios sinal-ruído, incluindo algoritmos sofisticados de processamento de sinais, estratégias de redução do ruído e qualidades melhoradas dos materiais ópticos, é uma direção futura.

Integração com a eletrónica: Há dificuldades na integração de dispositivos de computação ótica com as actuais concepções de computação eletrónica. São necessárias soluções inovadoras para colmatar o fosso entre os sistemas ópticos e electrónicos, incluindo a conversão de sinais, a sincronização e a interface. O trabalho futuro incidirá na criação de sistemas híbridos que combinem suavemente a ótica e a eletrónica para proporcionar um processamento e transferência de dados eficazes entre os dois campos.

Custo-eficácia: O custo continua a ser um grande problema na computação ótica. O fabrico e a integração de componentes ópticos, em especial os de elevado desempenho, podem ser dispendiosos. Para tornar a computação ótica mais viável comercialmente, as direcções futuras incluem a investigação de métodos de fabrico de baixo custo, a criação de técnicas de fabrico escaláveis e a melhoria do fabrico de componentes ópticos.

Integração e normalização de sistemas: Para que a computação ótica seja amplamente utilizada, devem ser criadas interfaces, protocolos e arquitecturas normalizados. O estabelecimento de normas e interfaces comuns permitirá uma boa integração nas actuais infra-estruturas informáticas e facilitará a interoperabilidade entre vários sistemas de computação ótica.

Consumo de energia: O consumo de energia continua a ser uma preocupação, embora a computação ótica tenha potencial para ser mais eficiente em termos energéticos do que a computação eléctrica convencional.

Para minimizar o consumo global de energia dos sistemas de computação ótica, os objectivos futuros incluem a criação de componentes ópticos energeticamente eficientes, a redução das perdas de energia e a melhoria das técnicas de gestão da energia a nível do sistema.

Ao ultrapassar estes obstáculos e ao desenvolver a tecnologia até ao ponto de poder oferecer soluções úteis e eficazes para diversas aplicações, a computação ótica terá um futuro brilhante. Prevê-se que o avanço da computação ótica seja alimentado por iniciativas de investigação e desenvolvimento em curso, bem como por melhorias na ciência dos materiais, métodos de fabrico e integração de sistemas nos próximos anos.

Vantagens da computação ótica:

1. Dado que estão ainda a dar os primeiros passos, os computadores ópticos não podem ainda ser comparados aos computadores tradicionais. Pode dizer-se que ainda têm uma velocidade de processamento mais rápida.
2. Não tem curto-circuitos eléctricos.
3. Os computadores ópticos são compactos, têm pouco aquecimento da junção e funcionam a altas velocidades.
4. Reconfigurável dinamicamente em redes mais pequenas e compactas.
5. A velocidade da luz do circuito fotónico será muito semelhante à velocidade da luz no vácuo.
6. Pode comunicar em vários canais simultaneamente sem interferências.
7. Não há perdas de energia excessivas relacionadas com o aquecimento.

8. O hardware do computador ótico tem uma vida útil mais longa.
9. Ter melhor acessibilidade e densidade de armazenamento.
10. Possuir perdas mínimas de transmissão, e
11. A acessibilidade e a densidade de armazenamento dos materiais ópticos no dispositivo são mais elevadas do que as dos materiais magnéticos.
12. Em comparação com o processamento efectuado em componentes electrónicos, o processamento de dados ópticos é significativamente mais barato e mais simples.

Desvantagens da computação ótica:

1. O fabrico de componentes ópticos é dispendioso.
2. Problemas com o fabrico de precisão.
3. A sua adequação.
4. Devido à perturbação provocada pelas partículas de pó.
5. Os componentes ópticos ainda não são suficientemente pequenos.
6. Como inclui a interação de numerosos sinais, a informática é complicada.
7. Grande e volumoso.
8. É difícil fazer cristais fotónicos.

8. Aplicações:

Devido aos seus benefícios em termos de velocidade, largura de banda e paralelismo, a computação ótica tem potencial para ter um impacto numa variedade de indústrias e aplicações [103-106]. Eis algumas das potenciais utilizações da computação ótica:

Computação de alto desempenho: Ao permitir o processamento paralelo e de alta velocidade, a computação ótica pode melhorar o desempenho dos sistemas de computação. Pode acelerar processos que exigem cálculos em grande escala e processamento rápido, como simulações científicas, análise de dados, previsão meteorológica e dinâmica de fluidos computacional.

Centros de dados e computação em nuvem: Ao permitir um processamento, armazenamento e comunicação de dados mais rápidos, a computação ótica tem o potencial de revolucionar os centros de dados e a computação em nuvem. Os limites das interligações electrónicas convencionais podem ser resolvidos através de interligações ópticas, que podem aumentar a largura de banda e diminuir a latência. A computação ótica pode melhorar a produtividade e a escalabilidade dos centros de dados, permitindo uma gestão eficaz de grandes volumes de dados e apoiando aplicações de computação de elevado desempenho.

Aprendizagem automática e inteligência artificial: Os métodos de aprendizagem automática, a formação de redes neuronais e os processos de inferência podem ser acelerados utilizando a computação ótica. O reconhecimento de padrões, o processamento de imagens, o processamento de linguagem natural e os sistemas de recomendação podem beneficiar das capacidades de processamento paralelo da ótica. É possível que as redes neuronais ópticas efectuem cálculos de aprendizagem profunda de forma rápida e eficaz.

Processamento de informação quântica: O processamento de informação quântica depende fortemente da computação ótica. Para actividades como a distribuição de chaves quânticas, a criptografia quântica, a metrologia quântica e a simulação quântica, é possível manipular, medir e transmitir estados quânticos de luz. As portas quânticas, a medição de qubits e a preparação de estados quânticos são todos implementados em estudos de computação quântica utilizando peças e métodos ópticos.

Comunicação e ligação em rede: As redes de fibra ótica e outros sistemas de comunicação ótica dependem da computação ótica. Esta permite melhorar a largura de banda, a comunicação a longa distância e a transmissão de dados a alta velocidade. Através da melhoria das velocidades de transmissão de dados e da eliminação de estrangulamentos, as interligações ópticas podem melhorar a comunicação nos sistemas informáticos e nos centros de dados. O encaminhamento de dados e a gestão de redes podem ser mais eficazes através da comutação e encaminhamento ópticos.

Processamento de imagens e vídeos: As imagens e os vídeos podem ser processados utilizando métodos de computação ótica, incluindo a holografia e o processamento baseado na correlação. O reconhecimento ótico de padrões pode ajudar em tarefas como o reconhecimento ótico de caracteres (OCR), a deteção de objectos e o reconhecimento facial. O paralelismo e a velocidade da computação ótica podem acelerar processos como a extração de características, a compressão e a filtragem de imagens.

Imagiologia médica e biotecnologia: A imagiologia médica utiliza a computação ótica, como a tomografia de coerência ótica (OCT), uma técnica de imagiologia não invasiva para tecidos biológicos. As abordagens de imagiologia médica podem beneficiar da computação ótica, melhorando a reconstrução, o processamento e a análise das imagens. Além disso, pode apoiar aplicações biotecnológicas, incluindo simulações de dobragem de proteínas, sequenciação de ADN e simulações de dinâmica molecular. Estes são apenas alguns exemplos das várias utilizações que a computação ótica pode ter. Prevê-se que a investigação e o desenvolvimento em curso no sector revelem novas aplicações e façam avançar a tecnologia para utilização numa variedade de contextos práticos.

9. Conclusão:

Nesta secção de conclusão, resumimos as ideias mais importantes abordadas no capítulo. Salientamos a promessa da computação ótica como uma mudança de paradigma na computação que oferece velocidades de processamento rápidas, enorme paralelismo e eficiência energética. Além disso, salientamos as inúmeras utilizações da computação ótica nos domínios do processamento de dados, comunicação, inteligência artificial e processamento de informação quântica. Por último, salientamos a importância da investigação e inovação em curso nesta área, destacando as dificuldades e as potenciais direcções da computação ótica.

Referências:

[1] . T. D. Ngo et al, 2018, Fabrico de aditivos (impressão 3D): Uma revisão de materiais, métodos, aplicações e desafios, Composites Part B: Engineering,143, pp.172-196.

[2] . LN Kazanskiy et al, 2022, Optical Computing: Status and Perspectives. Nanomaterials (Basileia).12(13), pp.2171.

[3] . L. N. Kazanskiy et al,2019, R.V. Linha tecnológica para a criação e investigação de elementos ópticos difractivos. Opt. Technol. Telecommun. 11146, pp.111460.

[4] . T. Zhu et al, 2017, Computação plasmónica da diferenciação espacial. Nat. Commun.8, pp.15391.

[5] . W. Li et al,2023, An Acousto-Optic Modulator Based High Performance Optical Switch for Quantum Technology in Fiber Communication Band, in Optical Fiber Communication Conference (OFC) 2023, Technical Digest Series (Optica Publishing Group, 2023), paper W3C.3.

[6] . K. Aoshima et al, 2023, Magneto-optical spatial light modulator driven by current-induced domain wall motion for holographic display applications, Opt. Express 31, pp.21330-21339.

[7] . V. A. Zasedatelev et al, 2021, Single-photon nonlinearity at room temperature. Nature 597, pp.493-497.

[8] . F. T. Lima et al, 2020, Cartilha sobre processadores fotónicos neuro-mórficos de silício: Arquitetura e compilador. Nanophotonics 2020, 9, pp.4055-4073.

[9] . D. Smith et al, 1985, Lasers, ótica não linear e computadores ópticos. Nature, 316, pp.319-324.

[10] . P. Yeh et al, 1989, Photorefractive nonlinear optics and optical computing. Opt. Eng.28, pp.328-343.

[11] . H. I. Sarker et al, 2022, AI-Based Modeling: Técnicas, Aplicações e Questões de Investigação para Automação, Sistemas Inteligentes e Inteligentes. SN COMPUT. SCI. 3, pp.158.

[12] . D. Goswami, 2003, Optical computing. Resonance, 8, pp.8-21.

[13] . R. Yamashita et al. 2018, Redes neurais convolucionais: uma visão geral e aplicação em radiologia. Insights Imaging, 9, pp. 611-629.

[14] . Y. LeCun et al, 2015, Deep learning. Nature 521, pp.436-444.

[15] . O. N. Matthew et al, 2021, Optical Computing: Inteligência Artificial nos Media Sociais. Revista Internacional de Avanços Científicos (IJSCIA), 2,1, pp.15-20.

[16] . J. Touch et al, 2017, Optical computing. Nanophotonics, 6, 3, pp. 503-505.

[17] . K. Schuster et al.2014, Material e tendências tecnológicas em fibra ótica. Tecnologias ópticas avançadas 3.4, pp.447-468.

[18] . R. Voelkel, 2012, Fabrico de micro-ópticas à escala da bolacha. Tecnologias ópticas avançadas 1.3, pp.135-150.

[19] . J. Shamir,1999, Optical Systems and Processes, SPIE Press, Bellingham, Wash, EUA.

[20] . H. J. Caulfield et al,1998, Perspectives inoptical computing. Computer,31,2, pp.22-25.

[21] . E. N. Leith e J. Upatnieks,1964, Wavefront reconstruction with diffused illumination and three-dimentional objects, Journal of Optical Society of America,54,11, pp.12951301.

[22] . B. R. Brownand et al, 1966, Complex spatial filtering with binary masks (Filtragem espacial complexa com máscaras binárias), AppliedOptics,5,6, pp.967-969.

[23] . W. Lohmannand, 1967, Hologramas de Fraunhofer binários, gerados por computador. Applied Optics, 6,10, pp. 1739-1748.

[24] . M. Born e E. Wolf, 1980, Principles of Optics, Pergamon Press, Oxford, Reino Unido.

[26] . Fosfeto de Índio em HSDB. Instituto Nacional de Saúde dos EUA.

[27] . Fabrico de InP. Instituto Nacional de Saúde dos EUA.

[28] J. T. Shenet al,2007, Strongly Correlated Two-Photon Transport in a OneDimensional Waveguide Coupled to a Two-Level System. Physical Review Letters. 98 (15):pp.153003.

[29] J. T. Shen et al,2007, Strongly correlated multiparticle transport in one dimension through a quantum impurity. Physical Review A. 76 (6):pp. 062709.

[30] H. Ivan Deutsch et al,1992, Diphotons num ressonador Fabry-Pérot não linear: Estados limite de fotões em interação num fio quântico ótico. Physical Review Letters. 69 (25): pp.3627-3630.

[31] "Ver a luz numa nova luz: Os cientistas criam uma forma de matéria nunca antes vista". Science-daily.com. setembro de 2013.

[32] M.T. Benson et al, 2006, Micro-Optical Resonators for Microlasers and Integrated Optoelectronics. Frontiers in Planar Lightwave Circuit Technology. Série Científica II da NATO: Matemática, Física e Química. 216. pp. 39.

[33] R. A. Soref,1986, All-silicon active and passive guided-wave components for lambda= 1.3 and 1.6 microns. IEEE Journal of Quantum Electronics. 22 (6):pp. 873-879.

[34] B. Jalali et al,2006, Silicon photonics. Jornal de Lightwave Tecnologia. 24 (12): pp.4600-4615.

[35] V. R. Almeida,2004, Controlo totalmente ótico da luz sobre um silício chip. Nature. 431 (7012): pp.1081-1084.

[36] Fotónica de silício. Springer. 2004. ISBN 3-540-21022-9.

[37] Fotónica de silício: uma introdução. John Wiley and Sons. 2004. ISBN

0-47087034-6.

[3 8] M. Lipson, Guiding, Modulating, and Emitting Light on Silicon - Challenges and Opportunities. Journal of Lightwave Technology. 23 (12): pp.4222-4238.

[39] Nanofotónica integrada de silício. IBM Research. Arquivado do original em 9 de agosto de 2009. Recuperado em 14 de julho de 2009.

[40] Fotónica de silício. Intel. Arquivado do original em 28 de junho de 2009. Recuperado em 14 de julho de 2009.

[41] A. Yurji, SPIE (5 de março de 2015). Apresentação plenária de Vlasov: Nanofotónica integrada de silício: Da ciência fundamental à tecnologia industrializável". Sala de imprensa da SPIE. doi:10.1117/2.3201503.15

[42] R. Dekker et al,2008, Ultrafast nonlinear all-optical processes in silicon-on- insulator waveguides. Jornal de Física D. 40 (14): R249-R271.

[43] P. N. Butcher et al, (1991). Os elementos da ótica não linear. Cambridge University Press. ISBN 0-521-42424-0.

[44] Talebi Fard, Sahba et al,2013, Label-free silicon photonic biosensors for use in clinical diagnostics. Em Kubby, Joel; Reed, Graham T (eds.). Silicon Photonics VIII. Vol. 8629.pp. 862909.

[45] V. Donzella et al,2015, Design e fabricação de ressonadores de microanel SOI baseados em guias de onda de grade de sub-comprimento de onda. Optics Express. 23 (4): 4791-803.

[46] R. A. Soref et al, 1987, Electrooptical effects in silicon. IEEE Journal of Quantum Electronics. 23 (1): 123-129.

[47] C.A. Barrios et al,2003, Electrooptic Modulation of Silicon-On-Insulator Submicrometer-Size Waveguide Devices. Journal of Lightwave Technology. 21 (10): pp.2332-2339.

[48] A. Liu et al, 2007, Modulação ótica de alta velocidade baseada na depleção de portadores num guia de ondas de silício. Optics Express. 15

(2):pp. 660-668.

[49] J.M. Shainline et al 2013, Modulador ótico de plasma portador de modo de depleção em CMOS avançado de mudança zero. Optics Letters. 38 (15): pp.2657-2659.

[50] J. D. Meindl, (2003). Para além da Lei de Moore: a era da interconexão. Computing in Science & Engineering. 5 (1):pp. 20-24.

[51] T. Barwicz et al, 2006, Silicon photonics for compact, energy-efficient interconnects. Journal of Optical Networking. 6 (1):pp. 63-73.

[52] A. Behnam et al,2006, A Fully Integrated 20-Gb/s Optoelectronic Transceiver Implemented in a Standard 0.13- µm CMOS SOI Technology. IEEE Journal of Solid-State Circuits. 41 (12): pp.2945-2955.

[53] C. Li et al, 2021, Os desafios da computação moderna e as novas oportunidades para a ótica. PhotoniX 2, pp. 20.

[54] J. Zeng et al, 2013, Manipulating Complex Light with Metamaterials (Manipulação de luz complexa com metamateriais). Sci Rep3, pp. 2826.

[55] D. Gabor et al, 1971, Holography, *Science,* vol. 173, pp. 11-23.

[56] A. Sawchuk et al, 1984, Digital optical computing. Actas do IEEE 72.7, pp. 758-779.

[57] E. T. Bell,1986, Optical computing: a field in flux. IEEE spectrum 23.8, pp.34-38.

[58] H. Krovi, 2017, Modelos de computação quântica ótica. Nanophotonics 6.3,531-541.

[59] A. Huang, 1984, Architectural considerations involved in the design of an optical digital computer. Proceedings of the IEEE 72.7, 780-786.

[60] O. S. Arik et al,2014, Processamento de sinal MIMO para multiplexação por divisão de modo: Uma visão geral dos modelos de canal e arquiteturas de processamento de sinal. Revista IEEE Signal Processing 31.2, pp.25-34.

[61] H. Liu et al,1999, Optical processing architecture and its potential application for digital and analog radiography. Física Médica 26.4, pp.648-652.

[62] W. J. Goodman et al, 1982, Architectural development of optical data processing systems. Conferência sobre Lasers e Electro-ótica. Optica Publishing Group.

[63] A. Louri,1992, Optical content-addressable parallel processor: architecture, algorithms, and design concepts. Applied Optics 31.17, pp.3241-3258.

[64] J. Taboury et al.1989, Optical cellular processor architecture. 2: Ilustração e considerações sobre o sistema. Ótica Aplicada 28.15, pp.3138-3147.

[65] A. Rodríguez-Vázquez et al.2010, Uma arquitetura de chip 3D para deteção ótica e processamento simultâneo. Optical Sensing and Detection. 726. SPIE.

[66] H. J. Collet et al,2000, Architectural approach to the role of optics in monoprocessor and multiprocessor machines. Applied Optics 39.5, pp.671-682.

[67] C. Neda et al. 2012, Novel optical access and digital processing architectures for future mobile backhaul (Novas arquitecturas de acesso ótico e processamento digital para o futuro backhaul móvel). Journal of Lightwave Technology 31.4, pp.621-627.

[68] A. G. Betzos et al,1998, Performance evaluation of massively parallel processing architectures with three-dimensional optical interconnections. Ótica Aplicada 37.2, pp.315-325.

[69] A. A. Sawchuk et al, 1984, Digital optical computing. Actas do IEEE 72.7, pp.758-779.

[70] A. Huang, 1984, Architectural considerations involved in the design of

an optical digital computer. Proceedings of the IEEE 72.7, pp.780-786.

[71] P. Kok et al.2007, Linear optical quantum computing with photonic qubits (Computação quântica ótica linear com qubits fotónicos). Revisões de física moderna 79.1, pp.135.

[72] X. Sui et al.2020, Uma revisão das redes neurais ópticas. IEEE Access 8, pp.70773-70783.

[73] J. Liu et al. 2021, Research progress in optical neural networks: theory, applications and developments. PhotoniX 2.1, pp.1-39.

[74] R. Xu et al.2021, A survey of approaches for implementing optical neural networks. Optics & Laser Technology 136, pp.106787.

[75] L. J. O'brien, 2007, Optical quantum computing. Science 318.5856, pp.15671570.

[76] P. Humphreys et al.2013, Computação quântica ótica linear num único modo espacial. Physical review letters 111.15, pp.150501.

[77] L. Pavesi et al, 2006, Optical interconnects. Série Springer em ciências ópticas 119.

[78] AB. D. Miller, 2000, Optical interconnects to silicon. IEEE Journal of Selected Topics in Quantum Electronics 6.6, pp.1312-1317.

[79] M. Franceschini et al. 2007, Fundamental limits of electronic signal processing in direct-detection optical communications (Limites fundamentais do processamento eletrónico de sinais em comunicações ópticas de deteção direta). Journal of lightwave technology 25.7, pp.1742-1753.

[80] S. Wabnitz et al,2015, All-optical signal processing. Springer Series in Optical Sciences 194.

[81] J. Leuthold, C. Koos e W. Freude, 2010, Nonlinear silicon photonics, *Nature Photon,* 4:8, pp. 535-544.

[82] P. K. Das,2012, Optical signal processing: fundamentals. Springer

Science & Business Media.

[83] J. Wu et al. 2022, Analog optical computing for artificial intelligence (Computação ótica analógica para inteligência artificial). Engenharia 10, pp.133-145.

[84] G. Wetzstein et al. 2020, Inferência em inteligência artificial com ótica profunda e fotónica. Natureza 588.7836, pp.39-47.

[85] S. C. Yelleswarapu et al, 2008, Optical Fourier techniques for medical image processing and phase contrast imaging Opt. Commun. 281, pp.1876-1888.

[86] H. Yu et al, 2015, Recent advances in wavefront shaping techniques for biomedical applications Curr. Appl. Phys.15, pp.632-641.

[87] R. Xu et al. 2021, A survey of approaches for implementing optical neural networks. Optics & Laser Technology,136, pp.106787.

[88] J. Gu et al.2022, "Light in AI: Toward Efficient Neurocomputing With Optical Neural Networks-A Tutorial. IEEE Transactions on Circuits and Systems II: Express Briefs 69.6, pp.2581-2585.

[89] P. L. McMahon, 2023, The physics of optical computing (A física da computação ótica). Nature Reviews Physics, pp.1-18.

[90] Z. Xu et al.2022, Uma arquitetura de computação ótica multicanal para visão artificial avançada. Luz: Science & Applications 11.1, pp.255.

[91] P. Kok et al, 2010, Introduction to optical quantum information processing. Cambridge University Press.

[92] W. J. Munro et al. 2005, Efficient optical quantum information processing. Journal of Optics B: Quantum and Semiclassical Optics 7.7, pp.135.

[93] S. Slussarenko et al, 2019, Processamento de informação quântica fotónica: Uma revisão concisa. Applied Physics Reviews 6.4.

[94] V. Scarani et al.2009, A segurança da distribuição prática de chaves

quânticas. Revisões de física moderna 81.3, pp.1301.

[95] R. Alléaume et al. 2014, Using quantum key distribution for cryptographic purposes: a survey. Ciência da Computação Teórica. 560, pp.62-81.

[96] M. David, 2008, Quantum Gates and Circuits, em Quantum Computing Explained, IEEE, pp.173-196.

[97] David P. DiVincenzo, 1969, Quantum Gates and Circuits, Proceedings: Ciências Matemáticas, Físicas e de Engenharia, 454, 1969, Quantum Coherence and Decoherence, pp. 261-276.

[98] E. Strubell, 2011, Uma introdução aos algoritmos quânticos. COS498 Chawathe primavera 13,19.

[99] B. Bela et al.2020, Algoritmos quânticos para química quântica e ciência dos materiais quânticos. Chemical Reviews 120.22, pp.12685-12717.

[100] L. Larger et al, 2012, Photonic information processing beyond Turing: an optoelectronic implementation of reservoir computing. Opt Express. 20(3): pp.3241-3249.

[101] U. Paudel et al, 2020, Classificação de formas de onda no domínio do tempo usando um computador de reservatório ótico baseado em speckle. Opt Express. 28(2): pp.1225-1237.

[102] M. Rafayelyan et al, 2020, Computação de reservatórios ópticos em grande escala para a previsão de sistemas caóticos espácio-temporais. Phys Rev X. 10(4): pp.041037.

[103] G. Stucke.1989, Arquitetura paralela para um computador ótico digital. Appl. Opt.28, pp.363-370.

[104] X. Li et al, 2019, Armazenamento rápido e fiável utilizando uma célula de memória fotónica não volátil de 5 bits. Optica. 6: pp.1-6.

[105] T. Zhu et al, 2017, Computação plasmónica da diferenciação espacial.

Nat. Commun.8, pp.15391.

[106] K. B. Jenkins et al, 1986, Parallel processing paradigms and optical computing (Paradigmas de processamento paralelo e computação ótica). Opt. Comput.625, pp.22-29.

Printed by Books on Demand GmbH, Norderstedt / Germany